高等院校“十三五”应用型艺术设计教育系列规划教材

书籍设计及应用

主　编　吴　玥　刘菲菲　夏婉婷
副主编　李　晶

合肥工业大学出版社

图书在版编目（CIP）数据

书籍设计及应用/吴玥等主编. —合肥：合肥工业大学出版社，2017.6
ISBN 978-7-5650-3454-1

Ⅰ. ①书… Ⅱ. ①吴… Ⅲ. ①书籍装祯—设计—高等学校—教材 Ⅳ. ①TS881

中国版本图书馆CIP数据核字（2017）第164298号

书籍设计及应用

吴 玥 刘菲菲 夏婉婷 主编　　　　责任编辑 王 磊

出 版	合肥工业大学出版社	**版 次**	2017年6月第1版
地 址	合肥市屯溪路193号	**印 次**	2017年8月第1次印刷
邮 编	230009	**开 本**	889毫米×1194毫米 1/16
电 话	艺术编辑部：0551-62903120	**印 张**	6.25
	市场营销部：0551-62903198	**字 数**	210千字
网 址	www.hfutpress.com.cn	**印 刷**	安徽联众印刷有限公司
E-mail	hfutpress@163.com	**发 行**	全国新华书店

ISBN 978-7-5650-3454-1　　　　定价：42.00元

前言

近年来，随着创意经济的发展，社会各界对创意人才的需求也迅速增加。高校教育中也大力倡导创新思维与创新能力的培养，对于一向讲求创意的艺术设计专业尤为如此。在艺术设计专业教育中，创新既包括概念创新和形式创新，也包括应用创新。所谓“他山之石，可以攻玉”，应用创新正是如此，根据已知和已有，去探索未知，去创造未有。

为适应应用创新型人才培养需求，高校艺术设计专业的书籍设计课程也需要不断改革创新，以实用与创新为目标，才能更好地满足当前的人才需求。因此，本书作为书籍设计课程的教材，也以此为目标，将整本书分为三个部分七个章节。第一部分围绕书籍设计的实用性，包括第一章书籍设计简史和第二章书籍设计基本知识，使读者能了解书籍设计简史，理解书籍设计基本知识，掌握出版行业的基本设计要求。第二部分围绕书籍设计的创新性，包括第三章书籍设计的信息编辑、第四章书籍设计的创意表现和第五章书籍设计的阅读体验，使读者在书籍设计的前期策划与信息编辑中寻求创意突破口，从信息视觉化、形态结构、材料工艺和版面编排等方面去进行创意表现，在读者的阅读体验中检验书籍设计的完成度。第三部分围绕书籍设计的应用与发展，包括第六章书籍设计的专项应用和第七章书籍设计的未来思考，给读者呈现具有代表性的书籍设计案例，其中既有学生作业也有大师作品，让读者在优秀学生作业中借鉴书籍设计课程的学习经验，从大师作品中体会书籍设计的未来发展。

本书在编写过程中，希望突出书籍设计前期策划、中期执行与后期检验的整个过程，以实现书籍设计的实用性和创新性，但因编者能力有限，书中如有疏漏或不足，也请各位读者批评指正，共同探讨书籍设计这门传统课程在新时代的发展及教学问题。本书中注明学生作业的图片，均来自武汉工程科技学院和华中农业大学的学生作品，特此感谢相关学生及指导教师的共同努力。本书中部分图片注明了相关书名、出版社或设计师等信息，部分图片难以确定出处未及注明，这些图片均来自网络，因教学所需作为支撑本书相关论述的优秀范例或参考图片供读者学习，编者在此真诚希望得到相关人员谅解，并衷心感谢各位的辛勤劳动与创意心血。

本书三个部分可满足不同读者需求，为不同读者提供了相应学习目标，也可为完整理解书籍设计提供不同阶段的学习指导。因此，本书可作为高等教育本科、专科及高职高专的书籍设计、书籍装帧设计、书籍形态设计或书籍编排设计等相关课程教材，也可作为书籍设计师和书籍装帧爱好者的参考书籍。

最后，编者在此也感谢本书合编人员、编辑及相关所有人员，在大家的通力合作之下，本书才得以出版。望能以数年教学经验与对书籍的热爱，为书籍设计教育尽一份绵薄之力。

编者

2017.8

目录

1

第一章　书籍设计简史

◆ 章前导读

书籍古来有之，书籍设计也随之产生。本章从古代书籍设计的雏形开始，直至现当代中西方书籍设计的发展，在浩瀚的历史中展露书籍设计的线索与姿态。通过本章学习，去了解书籍形态的变迁，书籍材料的更迭，工艺技术的进步，去体会各个历史时期所赋予书籍的独特使命与魅力。

第一节　古代书籍设计

书籍的出现是人类文明进步的标志之一，书籍设计的源起必然和文字与承载物有关。文字记录例如：历史、文化、宗教等信息，而承载物则是将这些图文信息很好的保存、展现给世人进行学习、传播、研究。文字的演变和承载物的更新，会使得信息很好的保存和传播，促使人类文明发展（图1–1）。

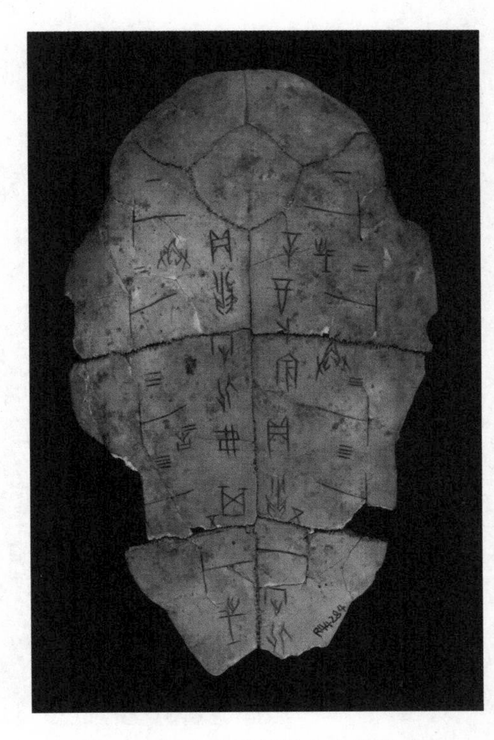

图1–1　刻在龟甲兽骨之上的甲骨文

一、古代西方书籍设计

西方的书籍设计经历了一个漫长的发展过程。在造纸术传入之前，人们取材于现有的物质材料，如石头、陶器、树叶、羊皮、纸草、金属等，经过一番加工后刻写成文字而成为最原始的书籍形态。

古巴比伦人和亚述人在公元前三千年左右用削尖的木杆在一些平或微突起的泥板上刻写文字，而后放在火里烧制成书，即“泥板书”（图1–2）。这些泥板面积约20×30厘米，每块上均刻有书名和号码，将字板按顺铺开，就是一部完整的书。

古埃及人则在公元前两千五百年左右利用纸草粘贴成长

卷，卷在木棒上，发明了“纸草书”（图1-3）。纸草是生长在尼罗河两岸的一种芦苇，经过切片、叠放、捶打、打磨等工艺制作成纸。这种纸质地脆，不能折叠，不易保存和携带，传入欧洲时价格也高，因此后来被羊皮书所取代。除此外，古埃及人还用采集的棕树叶和椰树叶等，脱水压平后切成一定的形状，再用线定成书，称为“树叶书”，是卷轴装向册页装过渡的书籍装帧形式。

图1-2　泥板书

图1-3　纸草书

公元前2世纪左右，小亚细亚柏加马人发明了羊皮书（图1-4）。当时，由于埃及禁运纸草纸，柏加马人被迫转用羊皮作为书写材料。羊皮制作工艺复杂，但质轻而薄，坚固耐用，且便于裁切和装订，故传入欧洲后，被大量推广，这使得欧洲书的形式也逐渐从卷轴变成册页。当时人们将一大张羊皮，折叠或裁成4开、8开、16开等装订成册，这样便出现了最早的散叶合订书，羊皮还涂染成各种不同的颜色，常见的有紫色和黄色，书写墨水有金黄色或银色，普通的羊皮书主要在外面包皮，里面贴布，用厚纸板做封面，华贵的则以锦、绢、天鹅绒或软皮做封面，并镶嵌宝石象牙等。由于羊皮书比纸草书卷和泥板书具有更多的优点，故在公元4世纪，取代了泥板书和纸草书卷，成为古代西方手抄书的标准形式。

图1-4　羊皮书

二、古代中国书籍设计

古代中国正规书籍的最早载体是竹简与木牍。把竹子加工成统一规格的竹片，再放置火上烘烤，然后在竹片上书写文字，即“竹简”。竹简再以革绳相连成“册”，称为“简册”或“简策”（图1–5）。这种装订方法，成为早起书籍装帧比较完善的形态，已经具备了现代书籍装帧的基本形式。木牍，则是用于书写文字的木片。与竹简不同的是，木牍以片为单位，一般着字不多，多用于书信（图1–6）。

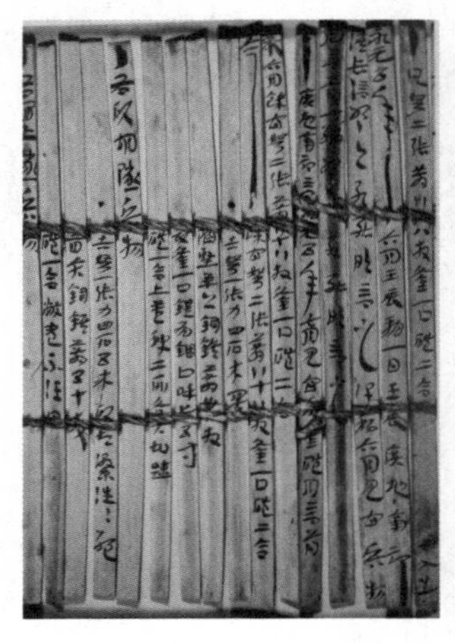

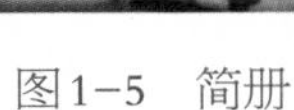

图1–5　简册

图1–6　木牍

同时，缣帛也作为书写材料，与简牍同期使用，称为“帛书”。缣帛质轻，易折叠，书写方便。其尺寸长短可根据文字的多少裁成一段，卷成一束，称为“一卷”。

纸张发明后，昂贵的缣帛材料被纸材所取代。但纸本书的最初形式仍是沿袭帛书的卷轴装（图1–7）。轴通常是一根有漆的细木棒，也有的采用珍贵的材料，如象牙、紫檀、玉、珊瑚等。卷的左端卷入轴内，右端在卷外，前面装裱有一段纸或丝绸，叫做镖。镖头再系上丝带，用来缚扎。卷轴装的纸本书从东汉一直沿用到宋初，如今在书画装裱中仍还有应用（图1–8）。

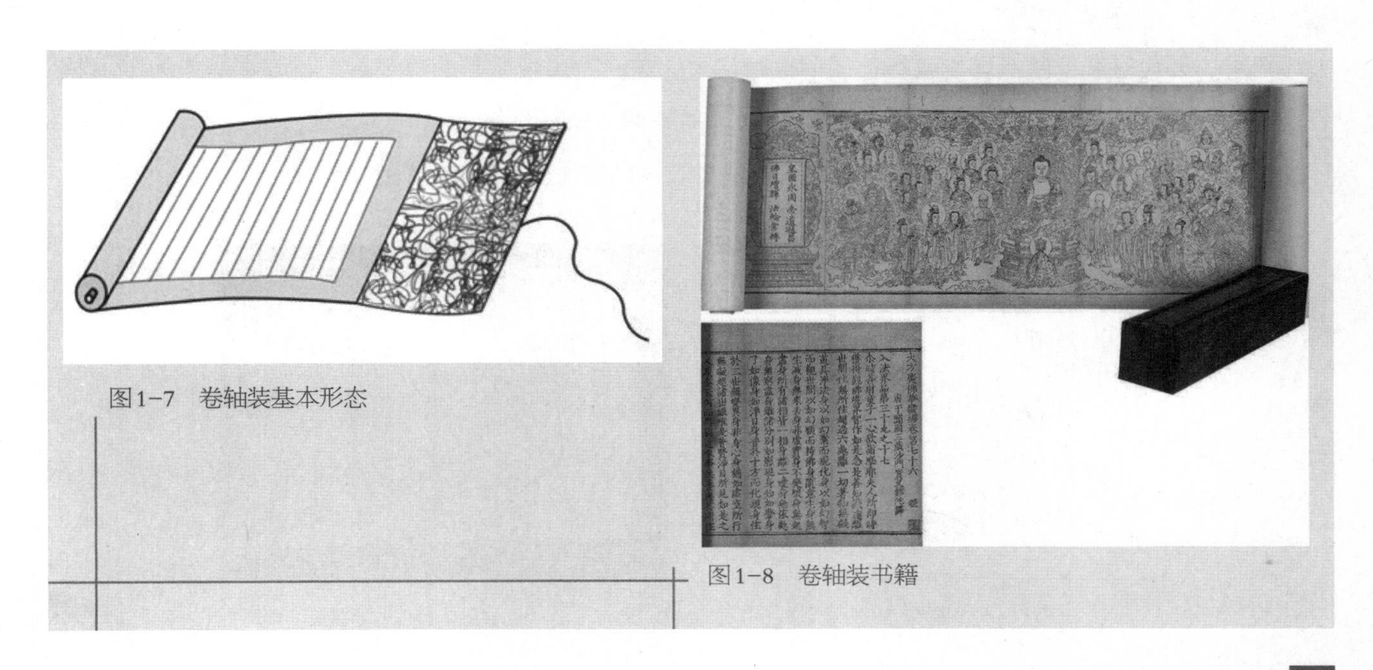

图1–7　卷轴装基本形态

图1–8　卷轴装书籍

卷轴装在翻阅查找时较为麻烦，因此出现了经折装。所谓“经折装”，是将一幅长卷沿着文字版面的间隔，一反一正地折叠起来，形成长方形的一叠，在首尾两页上分别粘贴硬纸板或者木板（图1–9、图1–10）。经折装便于阅读，在书画碑帖装裱等方面一直沿用至今。

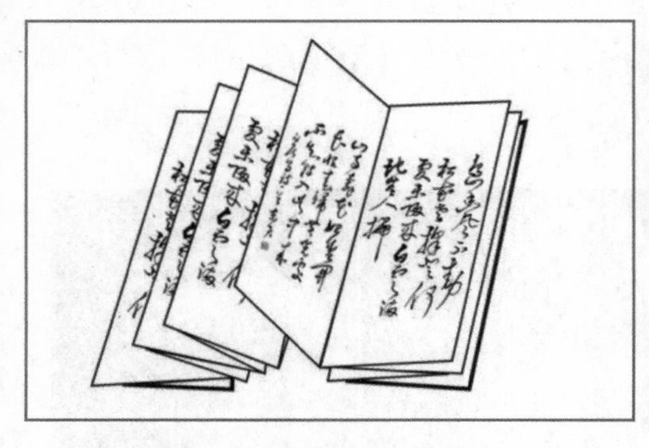

图1–9　经折装基本形态

图1–10　经折装书籍

为了方便卷轴装的阅读，还出现了另外一种形态，即“旋风装”。旋风装，是将写好的纸页按照先后顺序依次相错地粘贴在整张纸上，这样翻阅每一页都很方便（图1–11）。但是它的外部形式跟卷轴装还是区别不大，仍需要卷起来存放。

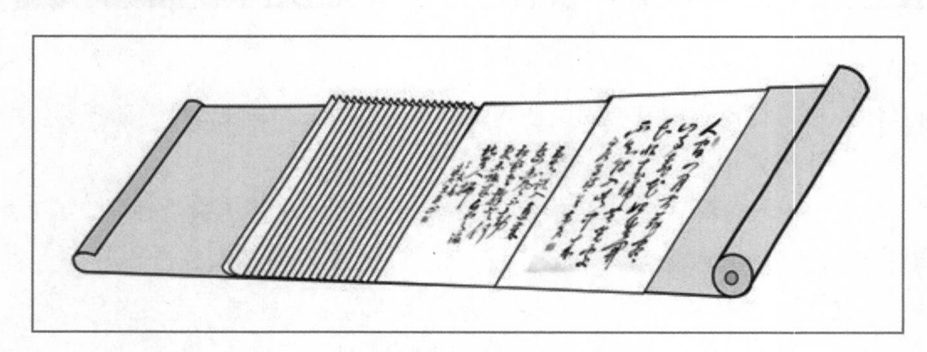

图1–11　旋风装基本形态

至唐、五代时期，雕版印刷盛行，印刷数量增大。这时，出现了新的书装形态，即“蝴蝶装”。蝴蝶装是将印有文字的纸面朝里对折，再以中缝为准，对齐后用糨糊粘贴在另一包背纸上面，然后裁齐成书（图1–12、图1–13）。蝴蝶装的书籍翻阅起来就像蝴蝶飞舞的翅膀，故称“蝴蝶装”。

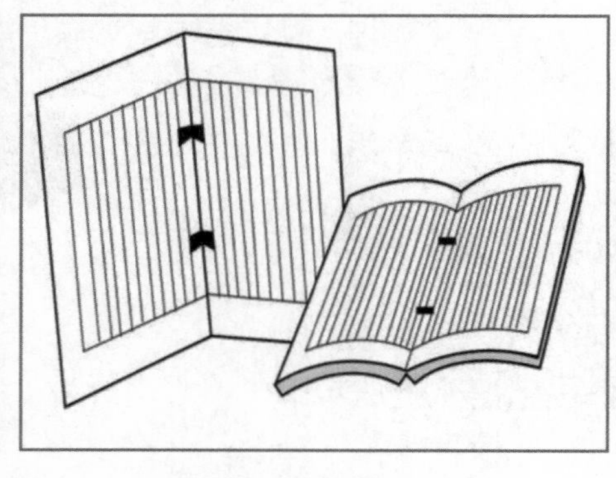

图1–12　蝴蝶装基本形态

图1–13　蝴蝶装书籍

虽然蝴蝶装已满足当时阅读所需，但因其文字面朝内，每翻阅两页时还需翻两页空白页，使得翻阅太过麻烦。因此，到元代时，包背装取代了蝴蝶装。包背装与蝴蝶装的主要区别是对折页的文字面朝外，空白面朝内，对折后两页版心的折口在书口处（图1–14）。这样一来，空白被包在折页内部，不会被翻阅到，从而解决了蝴蝶装的问题。包背装书籍除了文字页是单面印刷且每两页书口处是相连的以外，其他特征与今天的书籍已经非常相似了（图1–15）。

图1–14　包背装基本形态

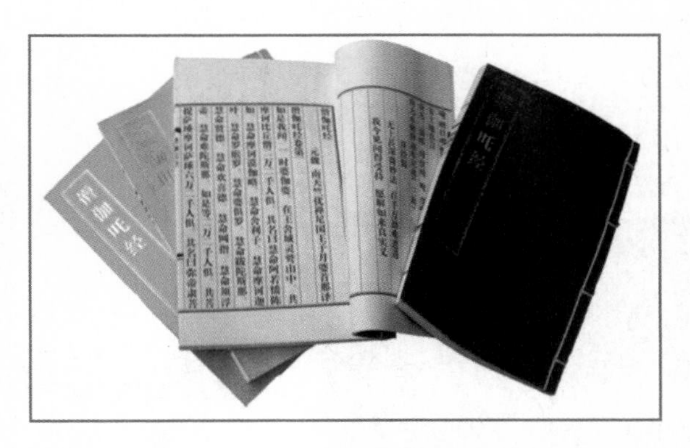

图1–15　包背装书籍

线装书，是古代中国书籍装帧的最后一种形式。线装书与包背装相比，其内页装帧方法一样，而护封则是两张纸分别贴在封面和封底上，且以锁线方式将内页与护封装订在一起（图1–16）。线装书籍起源于唐末宋初，盛行于明清时期，流传至今的古籍较多（图1–17）。

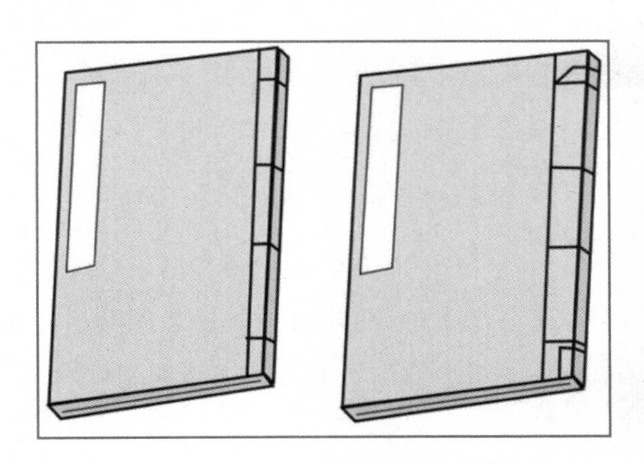

图1–16　线装书基本形态

图1–17　线装书籍

第二节　西方书籍设计发展

13世纪，纸张的运用逐渐代替了欧洲原有的纸草纸和羊皮纸，成为新的书籍材料。15世纪，随着经济和文化的迅猛发展，手抄本已经不能满足人们的精神需求。德国古登堡发明的铅铸活字印刷术实现了手抄本向印刷本的过渡，书籍数量和种类都不断增多。16世纪，欧洲的书籍明显分为实用书籍和王室特装书籍，前者简单、实用、平民化，后者则富丽堂皇、十分考究。18、19世纪时，这种豪华本有所增加，很多贵族绅士精心收集名著加以修饰和装订，以示其文雅和富有。

19世纪末20世纪初，“现代美术运动”在西方设计领域兴起，标志着西方书籍装帧已进入现代装帧阶段。在英国，威廉·莫里斯开拓了现代书籍艺术，他反对书籍产业的工业化和机械化，强调艺术设计的重要性，以提高书籍质量为原则，提倡书籍设计的美感创造，设计风格的自然、华丽、美观（图1–18）。其书籍设计理念影响深远，在法国、荷兰、美国均兴起书籍设计革新运动，使欧洲的书籍设计艺术迈出新的一步。之后，立体派、达达派、超现实主义、至上主义和构成主义的出现打破了旧的书籍装帧设计法则，设计家们利用各种工艺、材料、形式和手法来表现新的空间，新的概念，书籍装帧艺术进入了展现多种形式和多种风格的鼎盛时期，也使书籍装帧的商品竞争意识日趋激烈（图1–19、图1–20）。

图1–18　威廉·莫里斯的书籍设计

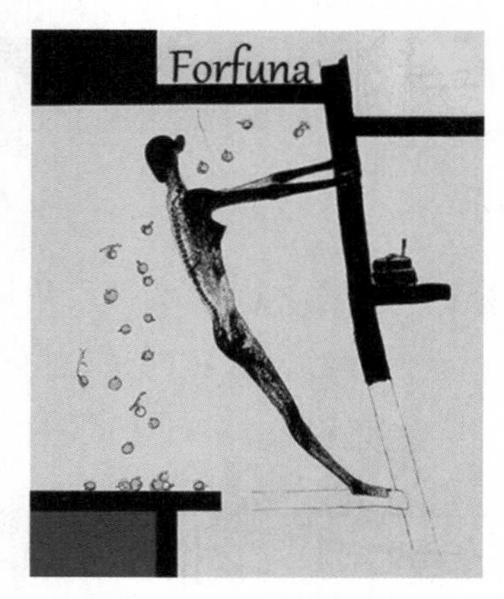

图1–19　青年风格的书籍封面设计

图1–20　构成主义风格的书籍版式设计

图1–21　当代西方书籍设计（选自Taschen出版社作品）

此后，新的流派层出不穷，如超现实主义、后现代主义等，共同推动了书籍装帧艺术的蓬勃发展。20世纪中叶后，经济复苏，工业技术迅速发展，新机械和工艺的发展和运用，促进了文化的飞速发展。电脑技术进入设计及印刷领域，书籍设计受这一新媒介、新技术的挑战，发生了剧变，在形式、功能、材料上更趋于多元化。随着这些技术的日趋娴熟，人性的表现与关怀成为现代各国书籍设计艺术发展的共同趋势。作品的风格及其特有的格调、气度和风采又受到不同民族的经济基础、心理结构、观念和审美要求等多种因素的制约，呈现出琳琅满目、异彩纷呈的多元格局（图1–21）。

第三节　中国书籍设计发展

近代以来，随着西方印刷术的传入，我国由机器印刷代替了雕版印刷，产生了以工业技术为基础的装订工艺，出现了平装本和精装本，由此产生了装订方法在结构层次上的变化。

“五四”前后，书籍装帧艺术与新文化发展同步进入一个历史的新纪元。当时的出版物打破了一切陈规陋习，从技术到艺术形式都用来为新文化的内容服务，具有现代的革命意义。这段时间，许多作家、诗人、文学家等投入书籍设计中来，也涌现了大量形式与功能兼备的书籍设计作品（图1–22至图1–24）。

图1–22　鲁迅先生设计的《呐喊》书籍封面

图1–23　丰子恺先生设计的《中国文学小史》书籍封面

图1–24　陈之佛先生设计的《到莫斯科去》书籍封面

抗日战争爆发以后，印刷条件困难，纸张短缺。解放区的有些出版物中，甚至一本书由几种杂色纸印成，由此可见一斑。从抗日胜利到新中国成立之前的一段时期，又涌现了不少书籍设计作品，其中以钱君淘、丁聪、曹辛之等人的成就最为明显。

1949年以后，出版事业的飞跃发展和印刷技术、工艺的进步，为书籍装帧艺术的发展和提高开拓了广阔的前景。中国的书籍装帧艺术呈现出形式多样、风格并存的格局。尤其在20世纪80年代之后，改革开放政策极大地推动了装帧艺术的发展。随着现代设计观念、新材料和新技术的积极介入，中国书籍装帧艺术更加趋向个性鲜明、锐意求新的国际设计水准（图1–25至图1–28）。

图1–25　　当代中国书籍设计
（《洛丽塔》，陆智昌设计）

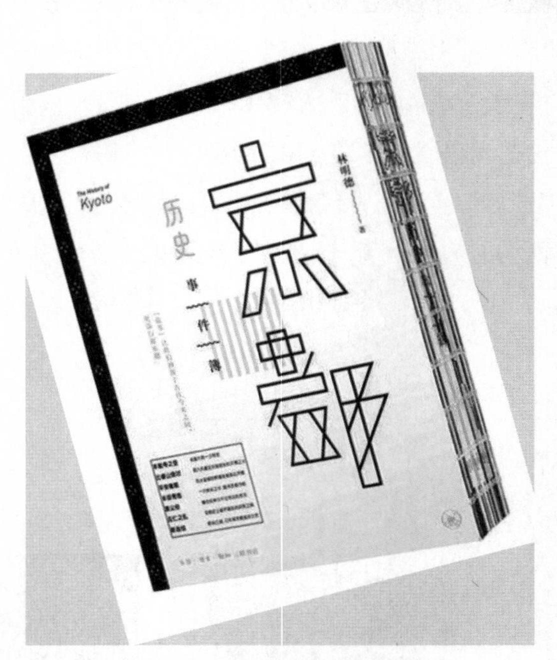

图1–26　当代中国书籍设计
（《京都历史事件簿》，马仕睿设计）

图1–27　当代中国书籍设计
（《虫子书》，朱赢椿设计）

图1–28　当代中国书籍设计
（《安迪·沃荷的普普人生》，王志弘设计）

章后练习

1. 在书籍设计历史中，选择你喜欢的一位书籍设计师或书籍设计作品，在全班进行分享。

2. 在当代书籍设计作品，寻找具有中国传统书籍设计特色的作品，并思考这些传统特色如何利用现代设计呈现出来。

第二章　书籍设计的基础知识

◆ 章前导读

有了书籍和阅读，才有书籍设计，因此，书籍设计要始终关注书籍内容和读者阅读体验。从一本书的设计成型过程入手，将书籍设计的基本内容分为开本、结构、版面、材料和工艺几部分，把握书籍常见装帧样式和基本流程，建立起对书籍设计的最基本认识。本章要求理解书籍设计的概念和基本内容，了解其基本流程；并通过练习实践完成书籍设计排版，把握版式设计、字体设计、图形设计等视觉传达基础与书籍设计项目的关系，进而掌握书籍设计的基本内容。

第一节　书籍设计的概念

书籍设计，是因书籍和阅读而产生的设计。可以从书籍、阅读与书籍设计的关系开始，去把握书籍设计的本质，再进一步理解当今书籍设计的含义。

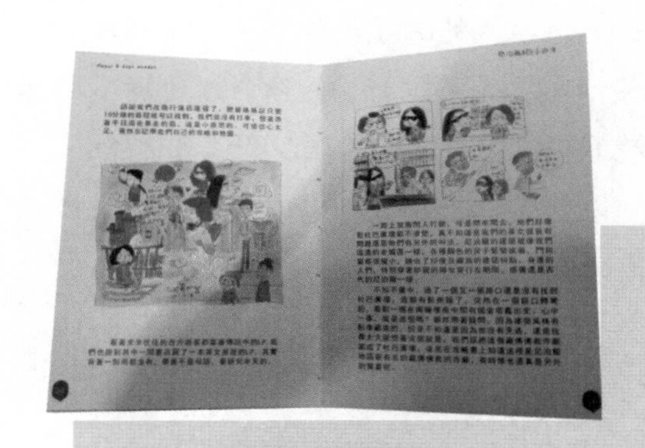

图2-1　书籍载体的形式（学生作品）

一、书籍、阅读与书籍设计

书籍，是为了记录和传承知识信息而存在的一种载体。作为一种载体，书籍呈现的形式不断变化，它可以是甲骨、金石、竹简、木牍、缣帛、卷轴、经折、册页等，也可以是如今各种阅读器或阅读APP（图2-1、图2-2）。这种载体的变化，除了受各时期工艺与技术的制约外，也始终以保护书籍内容并方便读者阅读为主旨。书籍设计也以此为主要目标，不断发展。

图2-2　书籍载体的形式

除此外，人们对书籍的需求与向往，也带给书籍设计更丰富的内容。有些书籍需要被长时间保存，便出现收藏的需求；有些书籍满足了特定人群的审美喜好，便出现鉴赏及审美的需求；有些书籍不仅仅代表其实体，也代表精神财富与统治权力，便出现了财富或权力象征的需求。为了满足这些特殊的需求，书籍设计也有更多特殊的细节。例如，欧洲手抄圣经中选用的各种宝石装饰和描金绘彩，正是满足收藏与象征的宗教需求（图2-3）。

图2-3　凯尔斯之书

书籍，塑造了人的阅读，并带来了书籍设计。同时，人的阅读方式与书籍设计本身也影响着书籍记录与传承的价值。如果没有人阅读，再优秀的书籍也难以实现传承的价值，甚至最终消失；如果没有书籍设计，越深刻的书籍或许越难以阅读和体验，最终埋没于浩瀚的信息海洋。

因此，书籍设计不论如何发展，不论在未来有哪些形式，都要关注对书籍本身价值的实现，满足人们的阅读需求。

二、书籍设计的含义

早期的书籍设计虽然存在各种不同形式，也积累起许多相关工艺与形态，但并没有统一的名词去界定。在我国，直到近代才出现相关词汇用来界定书籍设计活动。目前为止，有“书籍装帧设计”、“书籍形态设计”和“书籍整体设计”三个常用的名词来界定书籍设计的含义。

书籍装帧设计，过去常称为“书籍装帧”。“装帧”一词，据说最早是丰子恺等人在20世纪20年代引用的一个日本词汇。从字面意义上来看，“装帧”的“装”指的是“装饰”、“装裱”之意，后来也有“装潢”、“装订”之意，而“帧”则是表示画幅的量词。可见，“装帧”一词有美化装饰之意，是指使一定数量的画幅或书页整齐有度地装订在一起。这也是最早的书籍装帧的内涵，以封面装饰为主，将多页装订在一起（图2-4）。随着设计概念的介入，书籍装帧的内容不断丰富，出现“书籍装帧设计”。但相较而言，“书籍装帧设计”至少在词汇表述上容易使人顾名思义，仅关注装饰与装订，而难以真正体现其丰富性。

20世纪90年代末，为了使人们了解书籍设计的丰富性，出现了“书籍形态设计”和“书籍整体设计”的说法。

“书籍形态设计”，强调书籍设计的形神兼备，“形”涉及书籍的内容与结构，“态”涉及书籍的气质与神韵。因此，“书籍形态设计”可以说在语义上已经体现了书籍与书籍设计的关系，不再仅仅突出美化装饰或装订工艺，而是关注书籍的内外结构与气质，也能使设计者从书籍本身出发，去思考和评价书籍设计。

“书籍整体设计”则更进一步，包括书籍的形态结构、材料工艺、版面编排等方面的设计，关注书籍信息编辑，更提出书籍设计的“五感”，强调从视觉、触觉、听觉、嗅觉、味觉各方面关注读者的阅读体验（图2-5）。在“书籍整体设计”中，书籍设计不再只是书籍封面或其他某个部分的设计，而是考虑书籍本身且关注阅读体验的整体设计。书籍设计的内涵在这个语义表述中能得到更为全面的体现。

本书所言的“书籍设计”一词，界定为“书籍整体设计”的含义，以强调书籍设计与书籍和阅读的关系，突出整体性要求。

图2-4　书籍装帧设计（《小约翰》，鲁迅设计）

图2-5　书籍整体设计（《老人与海》，张志奇工作室设计）

第二节　书籍设计的基本内容

书籍设计的内容包括对书籍的形态结构、材料工艺、版面编排等方面。在书籍设计学习的初期，可以先了解基于出版要求的书籍设计基本常识及术语，结合已学的版式设计等，把握书籍设计的基本内容。

一、书籍的开本

1. 开本基本常识

开本，是用全张印刷纸开切的若干等份，表示图书幅面的大小。通俗点说，开本就是一本书的大小。

开本以“开数”来界定区分。“开数”是指一全张纸开切成的纸张数量。如，32开指一全张纸被开切成32张纸，24开是指被开切成24张纸（图2-6、图2-7）。开本的具体尺寸是由全纸张的规格决定的。国际通用的全张纸有两种规格：787mm × 1092mm 称为正度纸，850mm × 1168mm 称为大度纸。

常用的开切法包括几何开切法、非几何开切法和特殊开切法（图2-8至图2-10）。一般而言，几何开切法开切简单，纸张比例一致且没有浪费，开切成本低，应用较为广泛。非几何开切法复杂些，但能开切出20开或24开等其他尺寸，也没有浪费。特殊开切法，能开切出任意尺寸，但纸张会有一定的浪费，因此开切成本相对较高。

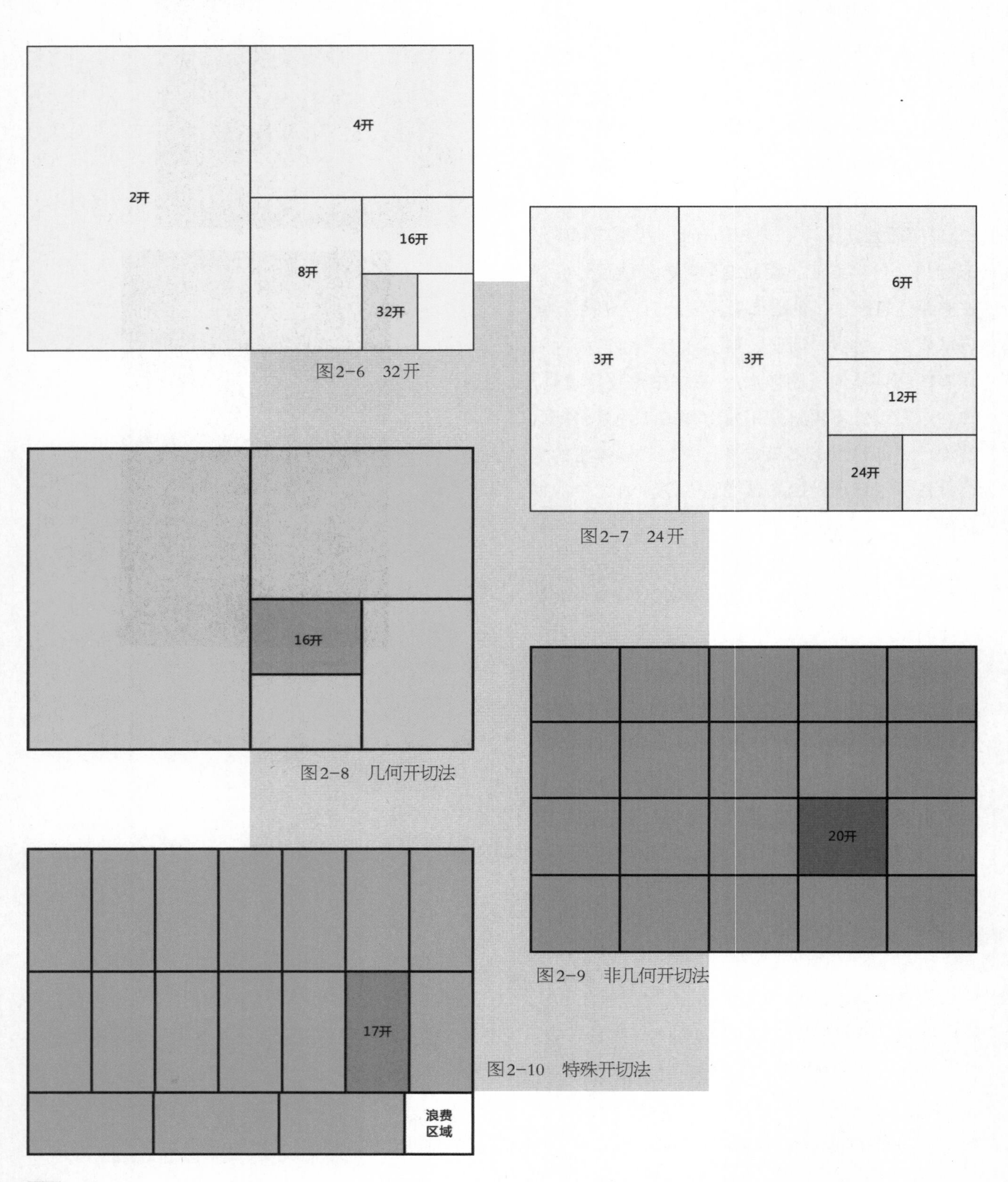

图2-6　32开

图2-7　24开

图2-8　几何开切法

图2-9　非几何开切法

图2-10　特殊开切法

书籍开本按开数可以分为不同类型。一般而言，可分为大型本（12开及以上）、中型本（16开—32开）和小型本（36开及以下）三类（图2-11）。在实际应用中，根据翻阅方向与装订方式的不同，又可分为左开本和右开本，以及纵开本与横开本（图2-12、图2-13）。

图2-11　小型本（《爱优微·O_2生活》，高等教育出版社）

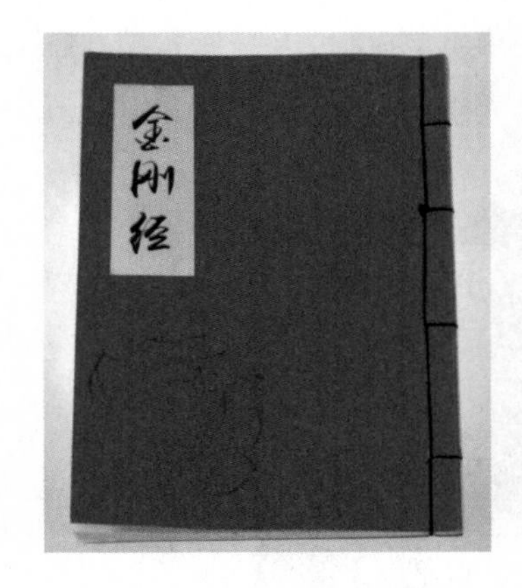

图2-12　右开本（学生作品）

图2-13　横开本（学生作品）

由于开切的全张纸有大小不同的规格，并有不同的开切法，所以按同一开数开出的开本也有不同的规格，即同一开数的开本实际幅面面积和比例也可能不同。

在书籍版权页的“开本与印张”一项中，一般会标明书籍开本设计相关信息。但要注意，成书之后的开本尺寸，一般略小于纸张开切成小页的实际尺寸。因为书籍在装订之后，除装订边外，其他三边都要经过裁切和光边处理。

2. 开本的选用

不同的开本可以满足不同的阅读需求，并具有不同的审美情趣。开本的选择一般要考虑书籍的内容性质、读者对象、档次定价以及原稿篇幅等。

书籍的内容性质与原稿特点，很大程度上决定了开本的选择。如：教材、通俗读物、经典著作、理论书籍等一般会选用32开或大32开（图2-14）；科技类读物等一般内容丰富，图表较多，可选择16开；画集、摄影集、艺术图册等为了突出图片的精美，大多选用8开、12开、大16开（图2-15）。

图2-14　通俗读物的开本（学生作品）

图2-15　精美画册的开本
（《London Interiors》,Taschen出版社）

不同书籍会有不同的读者对象，具有不同的阅读习惯和阅读需求。如，儿童读物一般以图片为主，适合中型或大型开本（图2-16）。

再者，书籍的档次、定价和与原稿篇幅也会影响着书籍开本的选择，有时在商业出版中甚至决定了书籍开本（图2-17）。纸张在书籍的成本中占有较大比重，要尽可能节约和利用纸张，减少纸张浪费，这也是书籍设计应用中需要注意的问题。

图2-16　儿童读物的开本

图2-17　书籍定位与开本选择

二、书籍的基本结构

书籍的基本结构包括封面和书心两大部分。而根据出版要求、编辑策划和读者定位，书籍封面外还可能有护封、腰封或书盒等，书籍封面和书心间可能有环衬或护页等，书心主要的正文部分前后可能有扉页、序言、结语、版权页、资料页、插图页等部分（图2-18）。学习书籍设计，可以从翻阅书籍，了解每本书的基本结构开始。

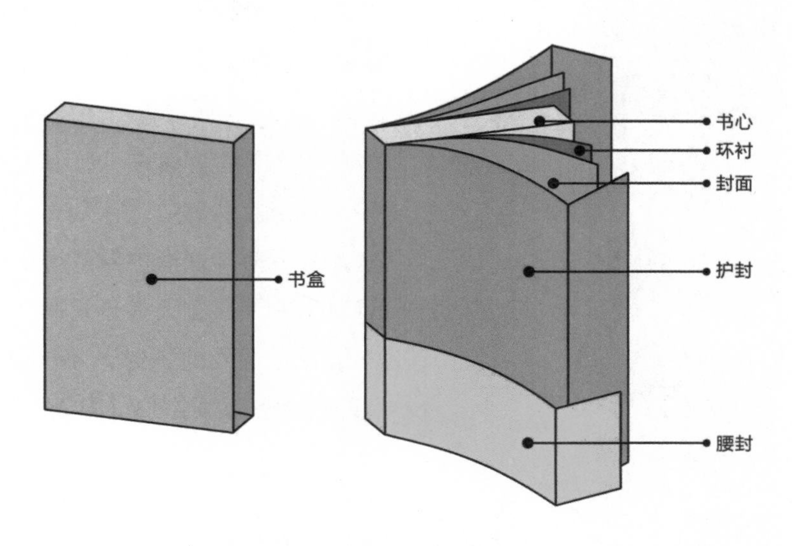

图2-18　书籍的基本结构

1. 封面

这里所说的封面，不仅仅是书的正封面，而是包裹在书籍外起到保护和宣传作用的整个书皮。它包括我们常说的书籍封面、封底以及封面里、封底里和书脊几部分（图2-19）。

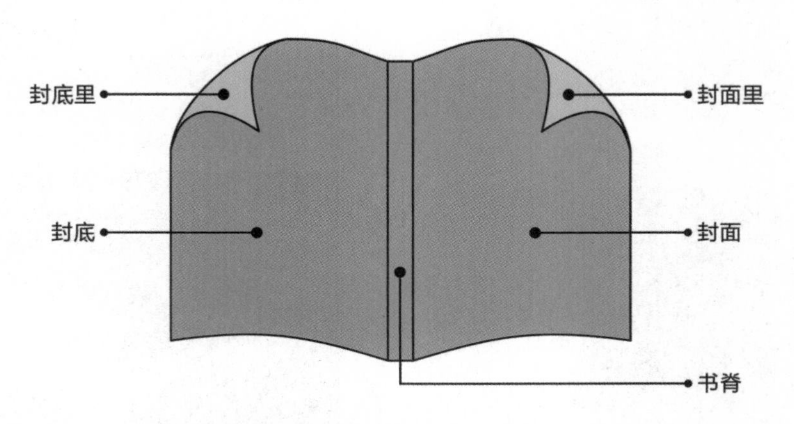

图2-19　书籍的封面结构

封面，也称封一，印有书名、作者名、出版者名等。好的封面，除了能保护书籍之外，还能具有广告宣传作用，增加书籍的销量。其反面称为封面里，也称封二，一般任其空白。封底，也称封四，会印书号、定价、条码等，有时也将内容提要、版权、插图等印在上面。封底反面称为封底里，也称封三，一般空白。书脊，连接书的封面和封底，就像书的脊背。书脊宽度在5毫米以上的，要印上书名、作者

图2-20　书籍的书脊设计（学生作品）

名和出版社名。厚本书的书脊，还可以进行设计装饰（图2-20）。

2. 护封

护封，也称护书纸，是套在有些书籍封面外的包封纸，一般印有书名或图案。护封有保护封面的作用，因此材质上一般选择不易损坏撕裂的纸张。同时，护封也有美化装饰和广告宣传的作用。当书籍有护封的时候，需要注意护封与封面设计上的协调与呼应（图2-21）。

从护封的折痕来分，其组成部分包括前封、书脊、后封、前勒口、后勒口（图2-22）。其中，前勒口和后勒口是指护封两边5到10厘米向内折进的部分。护封反面大多是没有印刷的空白里页。也有一些特殊形式的护封则不一定是上述规格或结构，也不一定其反面空白（图2-23）。

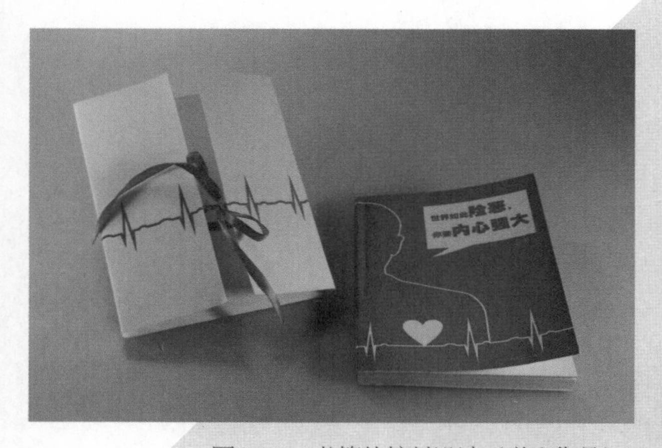
图2-21　书籍的护封设计（学生作品）

图2-22　书籍的常见护封结构（学生作品）

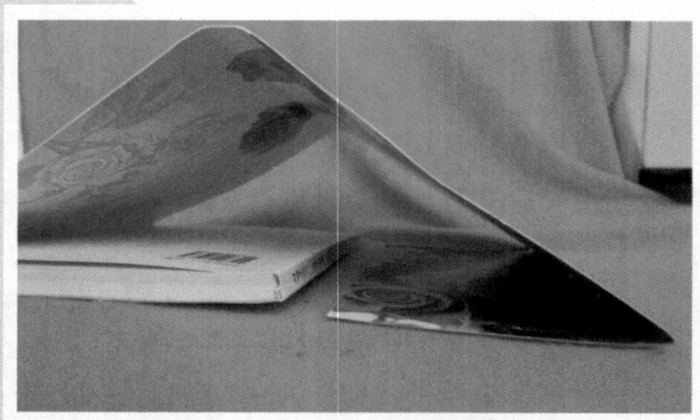

图2-23　书籍的特殊护封结构（学生作品）

护封还有一种特殊形态，称为腰封或半护封。腰封一般裹住护封的下部，高约5厘米。腰封一般是在书籍印出后加上去的，补充介绍相关信息给读者。因此，腰封的广告宣传作用很明显，是畅销书设计的常用部分（图2–24）。

3. 环衬

环衬，是连接封面和书芯的部分，衬在封面后的称前环衬，衬在封底前的称后环衬，有时可以和内封连环在一起（图2–25）。环衬可以增加封面和书心之间的牢固性，防止封面脱落，也起到保护书芯的作用。因此，环衬的材质一般选用比封面纸稍薄、比正文纸厚且质地坚韧的纸张。

环衬是封面到正文的过渡，能影响阅读的心情，也具有美化装饰的作用（图2–26）。

图2–24　书籍的腰封设计
（《禁忌魔术》，上海艺文出版社）

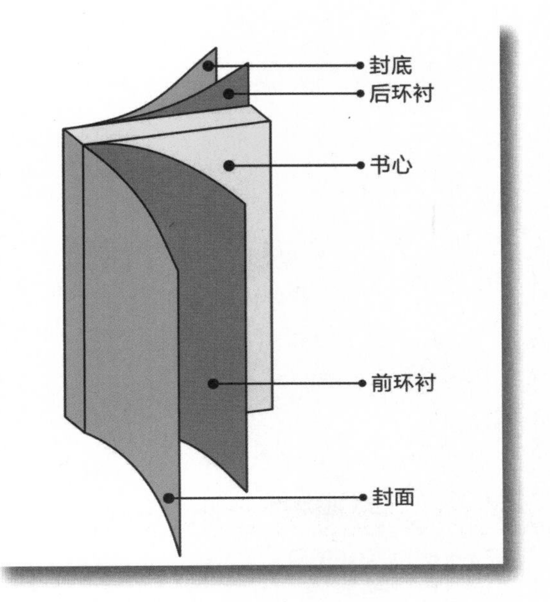

图2–25　书籍的环衬结构

图2–26　书籍的环衬设计
（《Das magische Zauber Lupenbuch》，
FISCHER Kinder–und Jugendbuch 出版社）

4. 扉页

扉页，是环衬后、正文前的部分，是书籍的入口和序曲。

广义的扉页，是一个系列扉页，包括八个部分，其习惯的次序是：(1) 护页；(2) 空白页、像页、卷首插页或从书页；(3) 正扉页；(4) 版权页；(5) 赠献页、题词或感谢语；(6) 空白页；(7) 目录页；(8) 空白页。广义的扉页常常会用在一些重点项目或高档书籍之中，设计严谨考究（图2-27）。

狭义的扉页，即我们一般常说的扉页，单指正扉页，也称书名页，是书籍设计的主要部分之一。根据出版要求，正扉页上需印上书名、作者名、出版社名称等。正扉页的设计需与封面风格一致，不宜烦琐，避免与封面产生重叠的感觉（图2-28）。有的书籍，在正扉页前会有一个小扉页，只印小字书名，显得比较文雅。这种小扉页加正扉页两张扉页的形式，称为双扉页（图2-29）。

护页，原先也是保护书籍的作用，而现在更多作为一种装饰和鉴赏（图2-30）。护页有预热和过渡的意思，使读者在此停顿一下，再翻阅有代表性的正扉页。

图2-27　书籍的扉页设计
（《纪德文集·文论卷》，花城出版社）

图2-28　书籍的正扉页设计
（学生作品）

图2-29　书籍的双扉页设计
（《恋人絮语》，上海人民出版社）

图2-30　书籍的护页设计
（学生作品）

版权页，包括：书名；作者、编者、译者的姓名；出版者、发行者和印刷者的名称及地点；图书在版编目（CIP）数据；版本记录和印刷发行记录；开本、印张、印数、版次；标准书号和定价等。其设计需要严格执行出版要求的版权页内容和格式（图2-31）。版权页一般放在正扉页反面，或者书籍末尾。

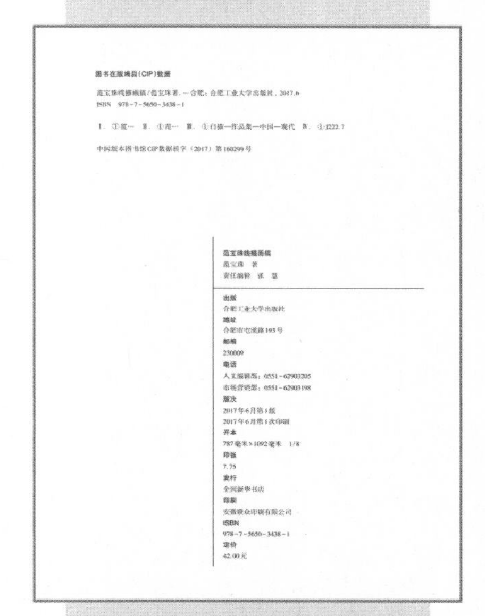
图书在版编目（CIP）数据

范宝珠线描画稿/范宝珠著. —合肥：合肥工业大学出版社，2017.6
ISBN 978-7-5650-3438-1

Ⅰ. ①范…　Ⅱ. ①范…　Ⅲ. ①白描—作品集—中国—现代　Ⅳ. ①J222.7

中国版本图书馆CIP数据核字（2017）第160299号

范宝珠线描画稿
范宝珠　著
责任编辑　张　慧

出版
合肥工业大学出版社
地址
合肥市屯溪路193号
邮编
230009
电话
人文编辑部：0551-62903205
市场营销部：0551-62903198
版次
2017年6月第1版
2017年6月第1次印刷
开本
787毫米×1092毫米　1/8
印张
7.75
发行
全国新华书店
印刷
安徽联众印刷有限公司
ISBN
978-7-5650-3438-1
定价
42.00元

图2-31　书籍的版权页设计
（学生作品）

目录页，是全书内容纲领，呈现书籍内容的结构层次。目录设计需要对书籍内容结构有一定的了解，能清晰准确的进行全书的信息编辑及提取。同时，目录设计与读者对书籍内容的整体把握和信息查找有直接关系，因此要做到眉目清楚、条理分明，才能有助于读者迅速了解全部内容（图2-32）。

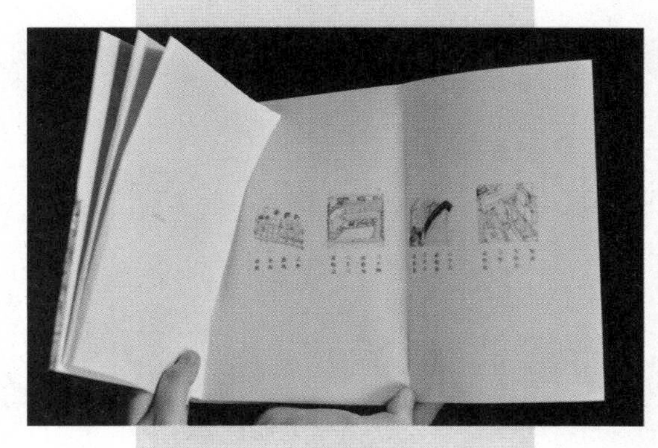
图2-32　书籍的目录页设计
（学生作品）

5. 序言、结语和索引

在正文的前面或者后面，作者、译者、编者或以出版社名义常常写有序、跋、前言、后记、结语或编者按语等，其作用是向读者交代出书意图、编著经过、强调重要观点，或感谢参与人员等，对读者阅读起引导作用（图2-33）。索引，则是对正文中重要词条进行摘录和分类并以此排列，标明页码，以便于读者查找。索引和附录都是安排在正文后面，包括与正文有关的引证文章、参考的文件和书目，图录也属于这一类（图2-34）。

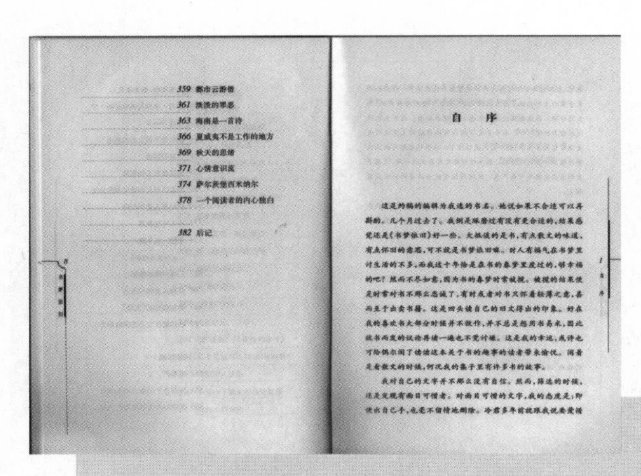

图2-33　书籍的序言设计

（《书梦依旧》，生活·读书·新知三联书店）

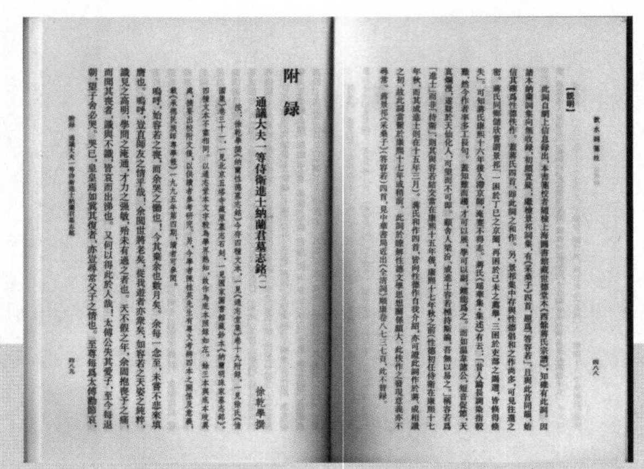

图2-34　书籍的附录设计（《饮水词笺校》，辽宁教育出版社）

6.其他

除以上几部分外，书籍还包括其他结构部分以及相关术语。如书签带和函套等，也可以作为书籍设计的结构部分（图2-35、图2-36）。

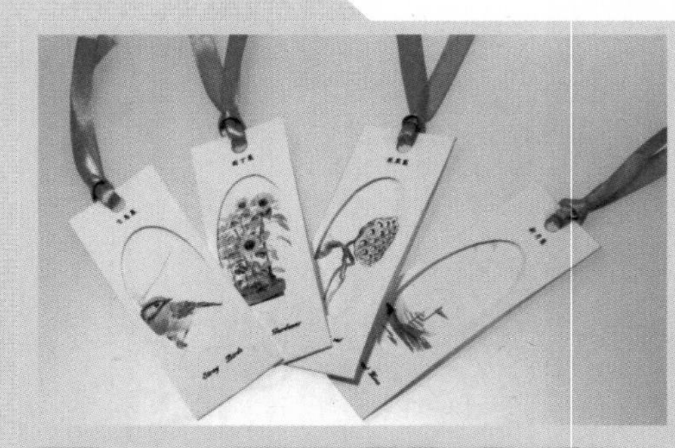

图2-35　书籍的书签带设计（学生作品）

图2-36　书籍的函套设计（学生作品）

三、书籍的版面编排

1. 书籍的页面与版面

书籍的页面与书籍的基本结构相关。书籍一个开本的幅面称为书籍的一面，一面为一个页码，正反两面构成一个页张。按通常的左开本翻阅时，书籍每一页的正面为单数页码，背面为偶数页码。

在版式设计中，版面是指印刷幅面中图文和空白部分的总和。而书籍的版面一般不是指一页单面，而是指左右两面合成的完整视觉单位的高宽范围，即阅读时每一次呈现在视线中的书籍范围。读者对版面的视线常以对角线的关系感受双面（图2–37）。

因此，书籍的版面编排是在每一版面中规划空间节奏，在页面开启和翻阅的阅读过程里，把握版面之间的延续与变化，由此构成读者的阅读体验。

2. 书籍的版心与周空

书籍的版面，包括版心和周空两部分。

版心是指印版或印刷成品幅面中规定的印刷面积。版心是版面上容纳文字和图表（一般不包括书眉、中缝和页码）的部位。其面积的大小和在版面上的位置，对于版式的美观、读者的阅读和纸张的合理利用都有影响。版心本身由文字、图表和间空构成。间空包括字空、行空和段空。而周空是指版心四周的空白，也称版口，包括天头、地脚、书口（也称切口、翻口）、订口（图2–38）。

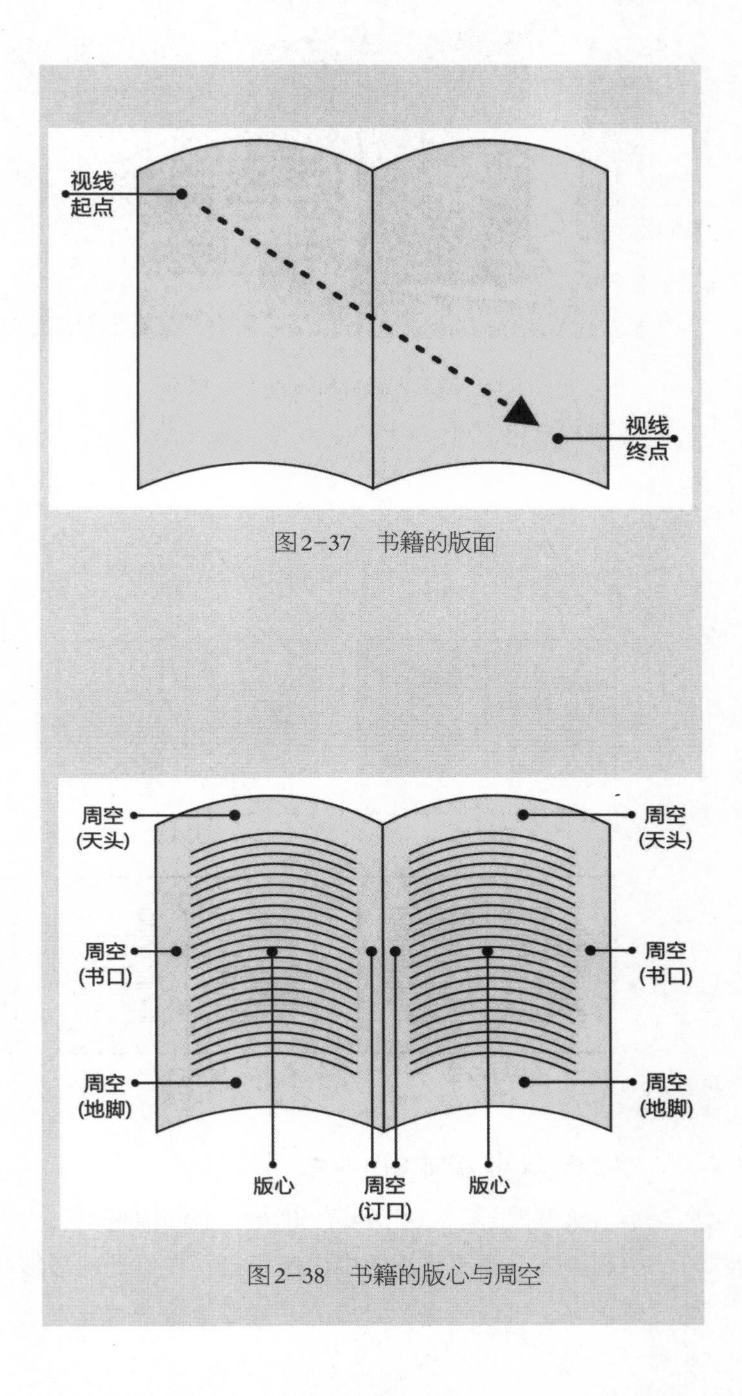

图2–37　书籍的版面

图2–38　书籍的版心与周空

版心尺寸与周空大小相互依存、相互制约，构成不同的版面。版心小、周空大的设计，版面显得疏朗、爽目；而版心大、周空小的设计，版面则显得饱满、充实（图2–39、图2–40）。

版心的大小，一般根据书籍的内容、种类和开本来选择确定。如：定位为经济实用型的书籍，版心就不宜过小，以容纳更多内容；而定位为娱乐休闲型的书籍，周空就可大一些，带给读者轻松愉悦之感。常见的版心形式主要有：居中式、大天头式（即天头大，地脚小）、小天头式（即天头小，地脚大）、靠订口式、靠切口式、靠一侧式等（图2–41）。

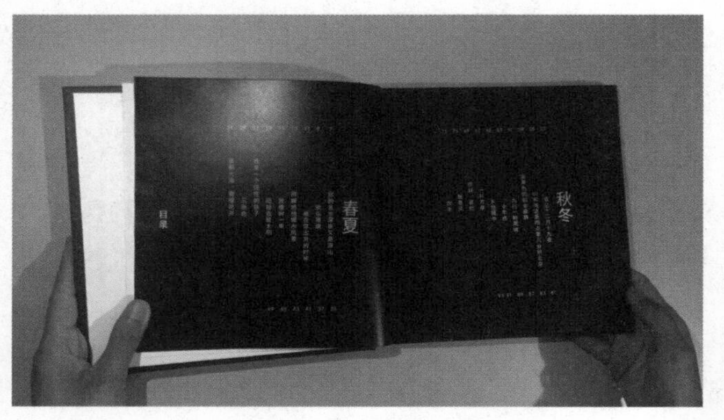

图2-39　版心小周空大的书籍版面（学生作品）

图2-40　版心大周空小的书籍版面（学生作品）

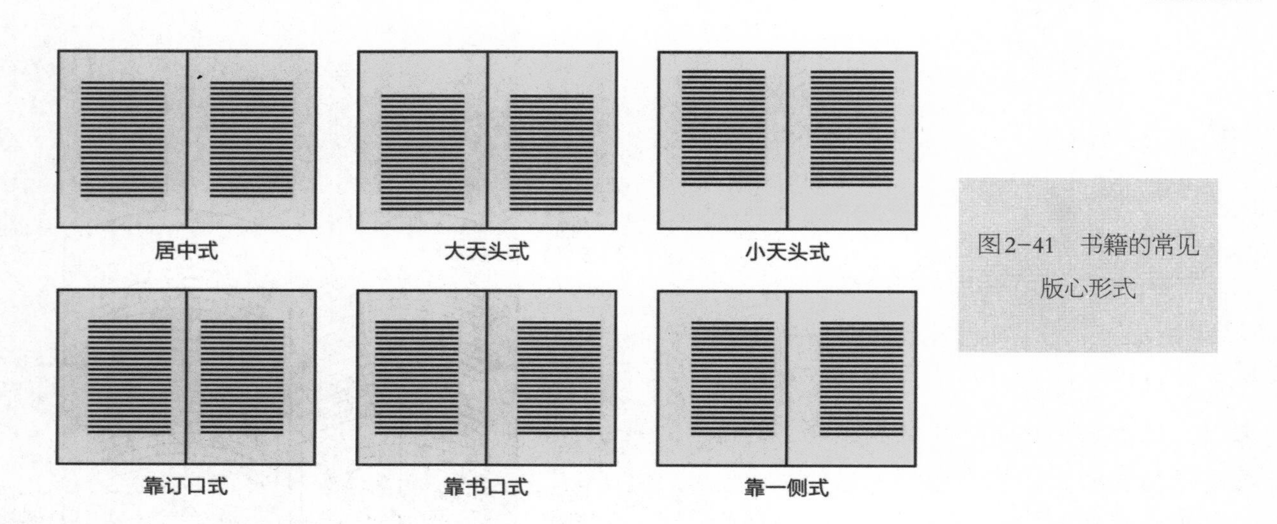

图2-41　书籍的常见版心形式

3. **书籍设计的版面编排要求**

基于图书出版的行业规范，书籍设计在版面的图文编排中也有一些具体要求。

书籍各部分需要根据图书出版规定，在设计时放置相应信息。例如，封面和正扉页上一般要放置书名、作者名、出版社名；封底上一般要放置带有标准书刊号的条形码和定价信息；版权页的位置和内容要完整；等等。书籍各部分在版式设计过程中必须放置或建议放入的信息，可以参见上文书籍的基本结构。

除此外，书籍设计要便于读者阅读，因此对其内页文字编排也有一定要求。书籍内页排版一般有横排和竖排两种方式，均可根据需要进行分栏。排版方式和分栏的选用要根据书籍类别和内容来确定，并且与字号选用相关联（图2-42）。为了便于普通成人读者的正常阅读，书籍内页字号选择一般以10.5号居多，也有9.5号至12号的正文字号选用。而针对不同书籍类别或读者对象，有时也会有所调整。例如，工具书内页正文字号相对较小，儿童书内页正文字号相对较大等（图2-43）。

图2-42　书籍的正文编排（学生作品）

图2-43　书籍的正文编排（《妈妈我也可以·我自信》，武汉理工大学出版社）

有些书籍内页中包括引文、注文和各级标题等文字信息，均可根据正文编排来进行这些部分的设计。引文的编排如果要强调与正文编排的区别，则可选择与正文不同的字体（常用仿宋体或楷体），并另起一段或改变行长行距等。注文包括夹注、段后注、脚注（页下注）、肩注、章后注、书后注等，分别位于插入书籍内页中的不同位置（图2-44、图2-45）。夹注一般没有自己特定的编排区域，用括号括起来随正文编排；段后注、脚注、肩注、章后注和书后注的编排则有各自特定的编排区域，一般要在需注解的正文边加上注码，再在相应注解区域的对应注码后添加注释文字。注文的字号一般会选用比正文小一点的字号，并选用与正文相区别的字体。需要注意的是，在书籍内页文字编排中，注文和引文都会安排在版心内完成。

书籍内页中还有书眉和页码，其设计也具有一定规范。书眉和页码一般都设置在版面的周空部分。书眉，一般要求在双码版面上标明书名，单码版面上标明篇名或章名；或双码版面上排上一级标题，单码版面上排下一级标题，即书眉文字双页的“级别”比单页大（图2-46）。书眉线的长度一般可与版心宽度相等，也可短于版心宽度。页码，编排位置大多设在版心天头或地脚的外侧或居中，也有设在切口居中的（图2-47）。书眉和页码字号不宜过大，字体可选用与正文字体相同或近似的字体。书眉和页码编排的整体视觉效果要求清晰易读但不宜太过突出。

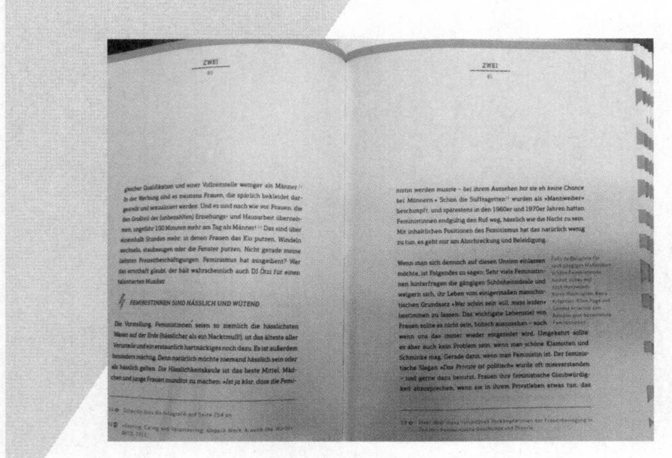

图2–44　书籍的引文与注文编排

(《Stand Up》，Wednesday Paper Works//studio grau 设计)

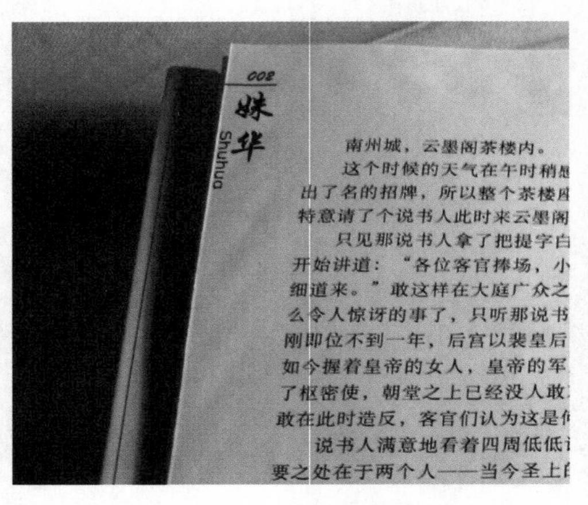

图2–46　书籍的书眉编排

(学生作品)

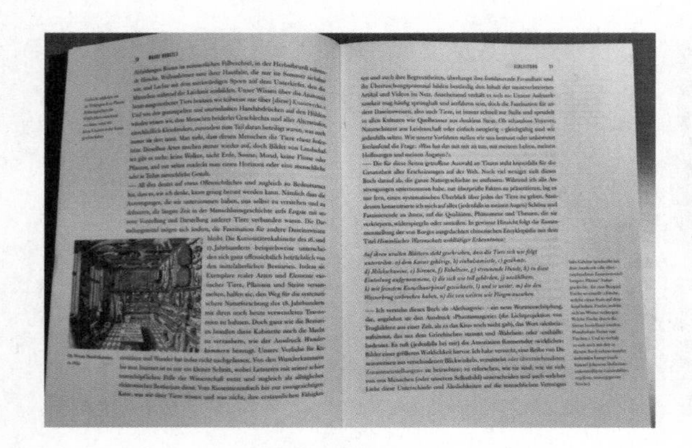

图2–45　书籍的注文编排

(《Wahre Monster》，Pauline Altmann 设计)

图2–47　书籍的页码编排（学生作品）

书籍设计的文字编排除了以上这些外，还有一些普遍的使用规范。如：单字不占行，单行不占版；公式编排不可翻页转行；数码编排不可从一串完整数码中间分开转行；标点符号也有其规范和禁则。

而书籍设计的图片编排则较为灵活，根据书籍内容和审美风格应用版面设计中的图片编排方法即可。但书籍设计的图文混排部分则要注意图文的关联性和对应性原则，以便于读者的识别和理解（图2–48）。

四、书籍的常用材料及工艺

1. 书籍的常用材料

古代书籍已尝试了许多材料的应用，如甲骨、玉版、竹、木、缣帛、皮革、贝叶和纸等。现代书籍设计所应用的材料更为丰富，尤其对纸材的应用细致全面，如胶版纸、铜版纸、哑粉纸、书纸、玻璃纸、金箔纸、硫酸纸及各种特种纸等。除此外，书籍设计还会用到其他各种材料，如塑料、皮革、麻布、金属、木材等。不同的材料具有不同的触感，书籍设计中根据需要去尝试各种不同的材料应用，可以给读者带来别样的阅读体验（图2–49）。

图2-48　书籍的图文混排（学生作品）

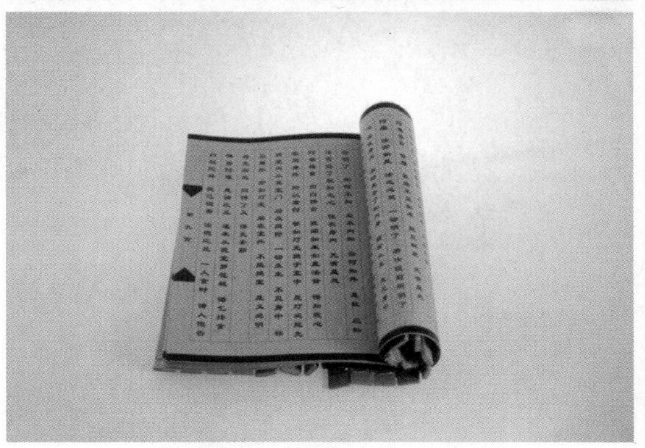

图2-49　书籍的综合材料应用（学生作品）

一般而言，使用最为频繁的书籍纸材包括铜版纸、哑粉纸、道林纸和蒙肯纸等。铜版纸平滑色白有光泽，常用于企业画册、宣传画、商品样本或图册中，内页一般选100～150g双面铜版纸，封面一般选200～300g双面铜版纸（图2-50）。哑粉纸，看来与铜版纸相似，但对着光观察时会发现其光泽柔和甚至不会有光泽感，其承印效果细腻，适合精美的图片印刷。道林纸，色白且不透明，是很常见的书籍内页用纸，成本相对较低。蒙肯纸，质轻却厚，色泽柔和，过去是一种轻型特种纸，近年来已经成为书籍内页常用纸材，能使书籍看上去有分量拿起来却很轻便。

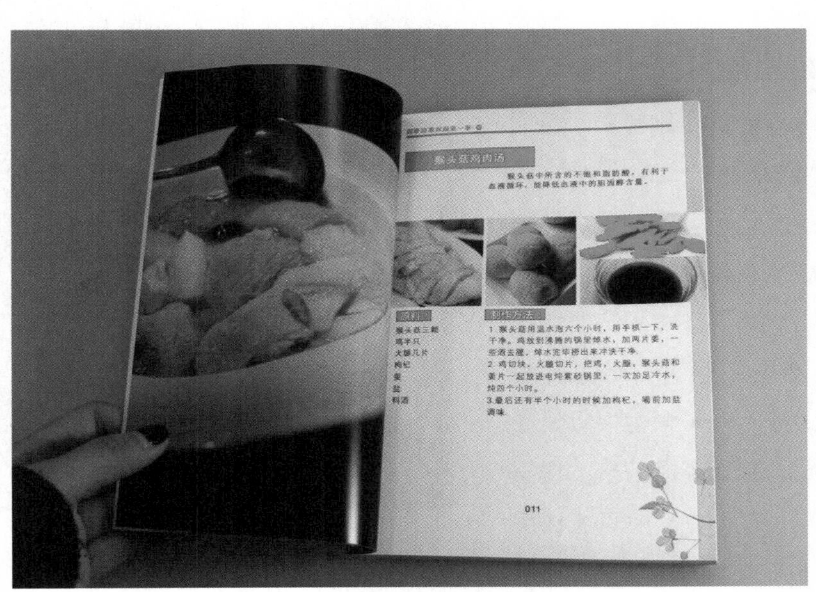

图2-50　书籍的常用纸材（学生作品）

2. **书籍的常用工艺**

书籍的常用工艺包括装订工艺和印刷工艺两大类。

书籍的装订，即把零散的书页或纸张加工成册，使之易于保存和阅读。常用装订工艺包括平订、骑马订、锁线订、胶粘订、活页订（图2-51）。一般较薄的书籍，多选用骑马钉，也可选用平订，例如一些儿童读物。大多数书籍，会选用锁线订和胶粘订，而精装书和较厚的书籍一般选用锁线订，以免脱落。

图2-51　活页订书籍设计（学生作品）

书籍的常用印刷工艺则包括UV印、烫金银、凹凸压印、压切等工艺（图2-52）。UV印，简单说来，就是在需要强调的部分裹一层光油（如亮光、哑光、镶嵌晶体、金葱粉等），通过这层固化光油来增加该部分的光亮度和硬度，起到突出视觉效果并保护表面抗刮擦的作用。烫金银，则是在需要强调的部分用热压转印技术将电化铝中的铝层转印到该部分，使表面形成特殊的金属效果。凹凸压印，要先制作与所需强调部分相同形状的凹型和凸型模具，印前根据所强调部分的外形进行精准套线，最后在凹凸模具挤压作用下使承印材料上所需强调的部分产生凹下去或凸出来的半立体效果。压切，也是要先根据需要切掉或镂空的形制作模具及切模刀，然后对所需部分进行压切，可形成异型开本效果或镂空效果。对于学生书籍设计作业而言，一般可以尝试应用UV印和烫金银工艺，根据个人预算也可考虑其他工艺。如果手工不错，也可尝试手工剪切异型开本和页面镂空（图2-53）。

图2-52　书籍的常用印刷工艺（学生作品）

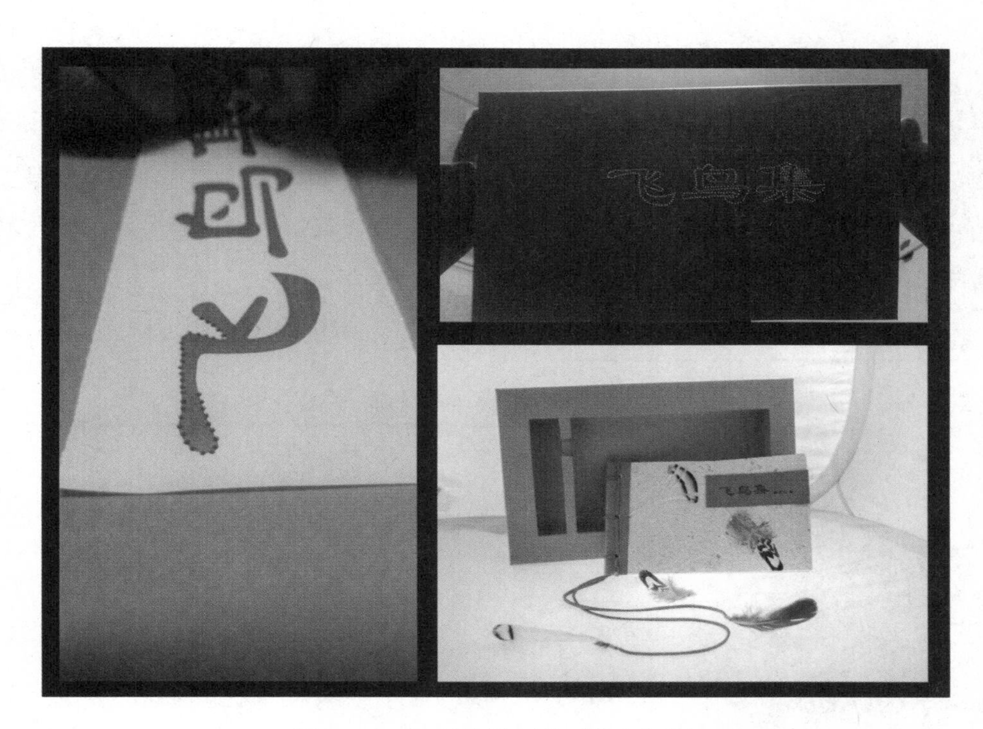

图2-53　手工书制作工艺（学生作品）

五、书籍的装帧样式

书籍的常见装帧样式包括平装书、精装书、散页装、线装书等样式。

平装书，一般书由软质纸封面、正扉页和书心构成，包括普通平装和勒口平装两种。平装书的封面可考虑UV印，以增加光泽度、厚度和抗水性。平装书一般采用的装订方法有骑马订、平订、胶粘订等。较小篇幅的通俗读物、儿童读物、教科书、生活类用书等，可采用结构相对较为简约的平装样式(图2-54)。

图2-54　平装书样式应用

精装书，一般由纸板及软质或织物制成的书壳、环衬、扉页和书心构成，其最大特点在于封面材料和印刷加工工艺与平装不同，更为精致考究（图2-55）。精装书根据封面材料可分为全纸面精装、纸面布脊精装和全面料精装（图2-56）。其印刷加工工艺也较为多样，例如：封面加工可包括整面、接面、方圆角、烫箔、压烫等工艺，书心加工可包括圆背（起脊或不起脊）、方背、方角和圆角等工艺，封面和书心连接工艺可分为硬背、腔背、柔背等形式（图2-57）。较大篇幅的经典著作、学术性著作、中高档画册等，多采用考究程度不等的精装样式（图2-58）。

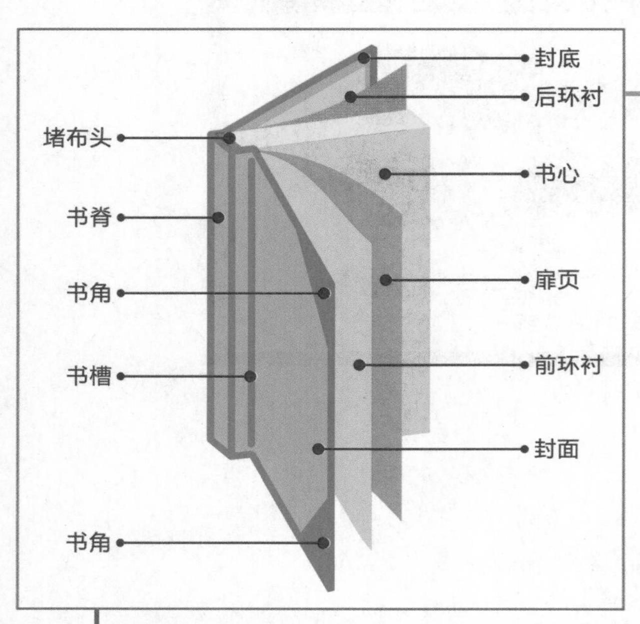

图2-55　精装书结构

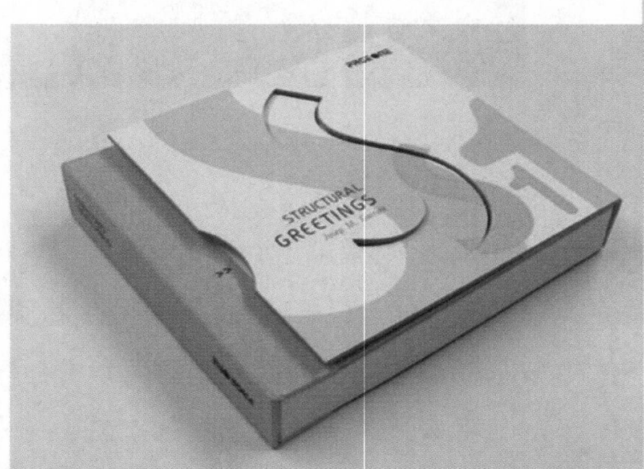

图2-57　精装书印刷及加工工艺
（《Structural Greetings》，Pageone出版社）

图2-56　精装书封面材料

图2-58　精装书样式应用
（学生作品）

散页装，是指书籍的书页以单页状态装在专用纸袋或纸盒内，是一种卡片式或挂图式书籍，多具欣赏或示意功能。教育类挂图和美术小品集，多采用散页装的样式（图2-59）。

线装书，一般应用打孔锁线装订工艺完成，会突出锁线痕迹，将锁线作为装帧特色。我国和欧洲都有各种锁线工艺，从而形成不同样式的线装书。中国古籍类或强调传统文化的书籍，可以用线装书样式体现古风古韵；强调个性的艺术类文化类书籍，也可用各种锁线形式体现其个性特征（图2-60）。

图2-60　线装书样式应用
（《小红人的故事》，全子设计）

图2-59　散页装样式应用

第三节　书籍设计的流程

一、明确设计任务，收集整理资料

承接的书籍设计任务，一般包括实际项目和模拟课题两种形式。实际项目一般由编辑或作者委托，公开出版或私人印制；模拟课题一般是教学中模拟实际项目开展。

不论承接哪种书籍设计任务，都需要熟读书籍内容，把握书籍风格特点。之后，如果是实际项目，就需要积极与编辑或作者进行直接沟通，了解编辑或作者意图，明确对方需要怎样的设计，才好进一步沟通设计方案和创意想法；如果是模拟课题，则需要积极与教师进行沟通，了解通过此课题达到怎样的学习目的。只有经过良好的沟通，才能真正做到明确设计任务，着手收集整理工作。

收集整理相关资料包括对书籍内容、结构、作者、风格、读者、定位、编辑意图等多方面信息的综合整理。有了这些整理，再去进行书籍设计市场调研，也会更有目标和方向。

二、结合市场调研，进行整体构思

书籍设计市场调研，主要是指本书设计市场调研和同类书籍设计市场调研。具体调研内容一般包括书名、定价、开本、封面设计、内页版式、形态结构设计、材料工艺选用、档次定位、整体风格等。

整理收集和调研的资料，把握目前市面上该书籍设计的特点，从中找到可以学习的优点、可以改善的不足以及可以切入的突破口，从而开始书籍设计整理构思。

书籍设计整体构思需要将书籍中的图文信息转变为可视可感的具体元素，让读者在阅读中可感知与回味。因此，它不单单是对封面的构思、对版式的确定或对材料工艺的选择，而是对整体的把握，要确定书籍设计整体基调，使之能体现书籍内容、风格、定位等。

三、寻求创意表现，关注阅读体验

把握书籍设计整体构思方向之后，就需要具体考虑各部分设计及其之间的关系，确定具体的创意方案了。书籍设计可以从其信息可视化、形态结构、材料工艺、版面编排等方面寻求创意表现。完成形态结构和版面编排方面的草图，并从整体角度确定材料及工艺应用。

面对众多创意方案进行优选和调整的时候，就需要关注读者阅读体验了。根据读者的特点，从阅读体验的方方面面去衡量和检验创意方案的可行性与适用性。

四、完成设计方案，落实材料工艺

经历了整体构思、创意表现、方案优选及调整之后，就能确定最合适的设计方案了。根据设计方案，一步步完成书籍设计电子稿的编排。

接下来，要根据具体的成本要求来落实材料工艺的可行性，确保按时按质量完成最终的设计制作。

五、调整整体细节，规范设计制作

根据委托方的要求进行细节的调整，并始终把握整体风格特点，确定书籍设计正稿。

最后，注意做好印前准备工作，并在印制过程中及时检查，与技术人员积极沟通，保证书籍设计制作的规范。在私人印制和学生作品的完成中，也不能忽视最后的印制环节，确保方案的完成度。

章后练习

1. 去各大书店实地调研，了解不同书籍的开本、结构、版面设计、装帧样式等特点，把握其材料工艺对书籍设计的影响，分享一则你认为能呈现书籍内容与读者需求的书籍设计作品。

2. 自定一本书籍A，完成该书籍电子档排版。至少包括以下内容：封面、封底、书脊、正扉页、版权页、目录、内页12P。要求内容完整，易于阅读，能体现书籍内容特点，满足读者阅读基本需求。

第三章　书籍设计的信息编辑

◆ 章前导读

书籍设计需要从书籍信息内容出发，进行整体的信息编辑与策划构思，呈现书籍本身的特点。具体而言，需要关注书籍的信息内容，读者定位与气质风韵，由此展开书籍设计调研，完成书籍设计的构思及草图。通过本章的学习，理解书籍设计的信息编辑，能针对特定书籍设计项目展开相关设计调研，进行整体构思表达与草图表现，掌握书籍设计前期编辑的基本方法。

第一节　书籍的信息内容

要展开书籍设计，首先就要作为读者去阅读和把握书籍的信息内容。之后，再作为设计师，去梳理和提炼书籍的信息内容，从获取信息到编辑信息。

每本书籍，都有不同的信息内容，读起来自然也各有体会。但如果走进传统书店，其书籍分类却可以帮助我们概括出某些书籍信息内容的共性，为书籍设计提供可供参考的规律。根据常见的书籍信息内容，书籍可包括文学类书籍、科技类书籍、艺术类书籍、社科政论类书籍、教辅工具类书籍等类别。

一、文学类书籍

文学类书籍，其信息内容因体裁、内容、时代等基本特征不同而丰富多样。按体裁可分为小说、诗歌、散文、杂文评论等。按内容则可分为言情类、悬疑类、幻想类、传记类等。按时代也可分为古代、近代、现代、当代等。

文学类书籍的这些基本特征，给读者带来不同的阅读感受与审美体验，可为书籍设计提供参考。例如，小说因其具一定篇幅且文多图少的特点，常选择32开等中型开本，其版心偏大或适中，版式简洁规整，易于长时间阅读（图3-1）。又如，诗歌因其篇幅短小，一般采用狭长小开本使阅读轻便、整体秀美；但若要强调诗歌中的想象力及意境美，则可能选择方形中开本，在诗歌文本之外加入插图渲染氛围，版心小周空大，给读者提供足够的想象空间（图3-2）。

图3-1　小说类书籍设计
（《上海罗曼史》，陈楠设计）

图3-2　诗歌类书籍设计
（《Leaves of Grass》，Heritage出版社）

二、艺术类书籍

艺术类书籍，其信息内容也有体裁、内容、时代等不同划分。按体裁可分为摄影、插画、水彩、油画、设计、时尚等，按内容可分为名家、风格、流派、地域、主题等，按时代也可分为古代、近代、现代、当代等（图3-3）。其信息内容多样且繁杂，不亚于文学类书籍。

但相较于文学类书籍，艺术类书籍在信息内容上最大的特点就是图片信息居多。以图片为主构成的信息内容，不一定具有明确的阅读顺序，可能呈现出不同的信息结构，带来独特的阅读体验。因此，设计时先要充分把握大量图片信息的共性特征，体会其形式风格或审美趣味，据此确定整本书籍的设计风格和审美特征（图3-4）。同时，还要与编辑和作者积极沟通，明确整本艺术书籍的定位，理解这些图片的创作意图和创作背景等，由此充分把握其信息内容。

图3-3　艺术类书籍设计
（《Jours Blancs》,Kehrer Verlag Heidelberg Berlin）

图3-4　艺术类书籍的审美趣味
（《地球主人》，中国摄影出版社）

三、科技类书籍

科技类书籍，一般容量较大，除正文文字内容外，往往还有大量说明性的插图、信息图表、符号、图示文字、注解等信息内容。除此以外，相较于文学类和艺术类书籍，科技类书籍在文字表述和图片表现上显得更加精准且理性，其原始图文信息内容往往缺乏趣味性。

设计时先要把握科技类书籍的信息结构和逻辑条理，梳理各种信息的层次及关系，如各级标题、正文、图片、表格、图示文字、文本注释、图片注释等关系，以此指导版式设计中的阅读顺序、主次关系和空间层次，并确保其准确性（图3-5）。其次，要关注读者群特点，由此决定信息视觉化的程度及风格，有针对性地实现科技类书籍信息内容的易读易懂（图3-6）。

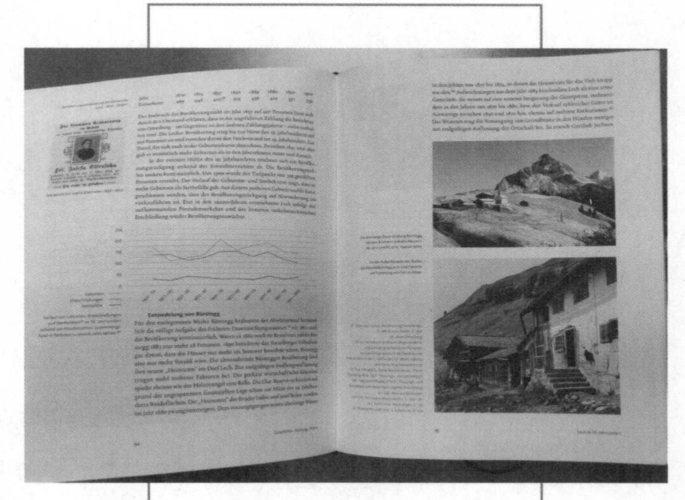

图3-5 科技类书籍的信息层次
（《Gemeindebuch Lech》, Bürgermeister Ludwig Muxel Gestaltung）

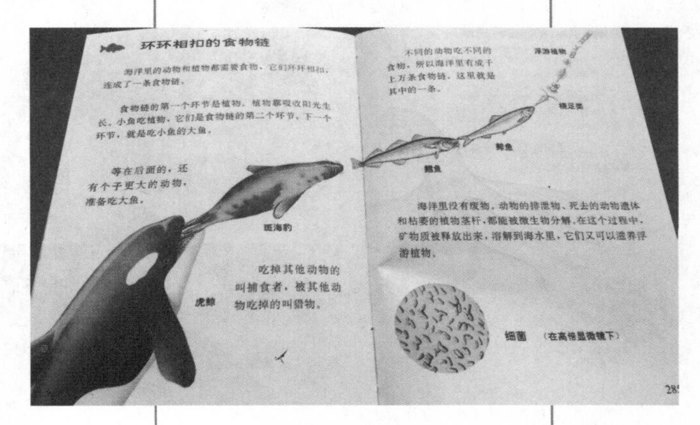

图3-6 科技类书籍的读者需求
（《天空与地球》，少年儿童出版社）

四、社科政论类书籍

社科政论类书籍，其信息内容根据学科门类及学说流派也有非常庞杂的分类，如经济学、法律学、政治学、哲学等书籍（图3-7）。社科政论类书籍不仅信息量大，而且信息具有一定的深度和广度，综合性与专业性兼备；其表达准确严谨，有的甚至艰深晦涩。由此可见，这类书籍的阅读绝不轻松，其读者群也有相对一致的教育背景和性格特征。

整理社科政论类书籍的信息内容时，要对其学科背景及核心观点有一个初步的了解。设计时要体现这类书籍的专业性或权威感（图3-8）。因其信息内容本身的阅读难度，在书籍设计中更要注意整体的简洁性，以免增加阅读的困难及疲劳。

图3-7 社科政论类书籍设计
（《中西哲思之源》系列丛书，厦门大学出版社）

图3-8 社科政论类书籍的专业权威感
（《中国芝麻品种志》，农业出版社）

五、教辅工具类书籍

教辅工具类书籍，也是目前需求量较大的一类书籍。与其他类书籍相比，其信息内容具有明显的实用性，读者阅读也有明确目标。教辅类书籍的信息内容及结构有分门别类层层递进的特点；工具类书籍的信息内容及结构则分类严谨信息量庞大。

这类书籍虽然信息量大，但表述通俗且结构清晰，因此可以快速梳理出信息结构。其读者阅读目的及特点也相对明确，由此可确定书籍设计的整体风格（图3-9）。设计时，将书籍设计重点可放在信息查找检索和操作演练部分，关注与之相关的目录、页码、索引、切口或信息可视化方面的设计（图3-10）。

图3-9　教辅工具类书籍的读者需求
（《开卷速查》，北京教育出版社）

图3-10　教辅工具类书籍设计
（《中华大字典：彩图版》，高等教育出版社）

第二节　书籍的读者定位

具有相同信息内容的书籍，也会因为读者定位的差异，而有截然不同的设计（图3-11）。书籍的读者定位不仅仅由书籍信息内容本身决定，还会由编辑和作者的书籍策划目的来决定。读者定位首先要从对广大读者群体的细分开始，细分标准很多，比如读者的年龄、职业、习惯等。

图3-11　不同读者定位的书籍设计
（左：《恐龙王国大百科》，吉林出版集团；右：《恐龙足迹》，上海科技教育出版社）

根据读者年龄细分，一般可分为婴儿、幼儿、少儿、少年、青年、中年和老年等阶段。婴儿阶段的小读者，是早教书籍的主要读者群，开启触觉、听觉、视觉等感官体验是这类书籍的重点，因此在书籍设计中常选用不同材质和色彩强调触觉和视觉感受（图3-12）。幼儿阶段的视听感受进一步加强，并有交流互动需求，因此书籍设计中常突出几何图形和鲜艳色彩，并添加语音视频或互动游戏（图3-13）。少儿阶段会对复杂图形有认识，并能逐渐掌握许多文字，因此在设计中要注意图文混排和整体风格（图3-14）。少年阶段心思细腻敏感，对许多事物都开始形成自己的认知和感受，书籍对这个阶段的读者而言不仅能传递知识信息，还能培养个性及审美力，因此要关注书籍设计的审美体验。青年阶段到中年阶段，读者的性格已形成，并有各自的习惯、喜好、需求和社会身份，因此在书籍设计中要结合其他细分标准进一步明确读者定位，决定书籍整体设计方向（图3-15）。而老年阶段的读者，视力会有所下降，因此书籍设计时要注意易读性，在开本设计、版式设计和材料选用方面都要更为考究，满足老年读者的阅读。

根据读者职业进行细分，常用于指导各类专业书籍设计。例如，针对学生读者群的各类备考教辅书籍设计，强调多少天通关或得到更高分数的实用性，整体设计中也会突出模拟考试演练或专项训练等环节（图3-16）。又如，针对职场新鲜人的各类职场指南类书籍设计，则关注所有职场新人在为人处世或未来规划等方面问题，封面设计强调职场新人的共同形象及配色，整体设计中通过符号或版式来强调案例分析等环节（图3-17）。除此外，还有大量专业书籍针对不同职业人士的需求，设计时便可从读者职业和专业特征中寻求设计特色（图3-18）。

图3-12　针对婴儿的布书设计
（LALABABY品牌的拉拉布书“动物世界”）

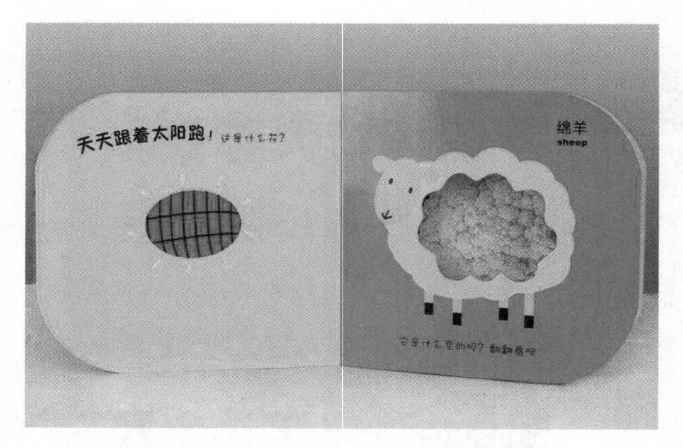

图3-13　针对幼儿的互动书籍设计
（《创意思维洞洞书：翻翻变》，北京理工大学出版社）

图3-14　针对少儿的书籍设计
（《彩色世界童话全集》，Harper Collins UK出版社）

图3-15　针对中青年的书籍设计
（《我爱这哭不出来的浪漫》，广西师范大学出版社）

图3-16　针对学生读者群的书籍设计
（《从中等生到北大清华》，朝华出版社）

图3–17　针对职场新人的书籍设计（《职场新人必修的9堂礼仪课》，机械工业出版社）

图3–18　突出专业特色的书籍设计（《夜观星空》，北京科学技术出版社）

图3–19　具有东方文化特色的书籍设计（《为什么设计》，山东人民出版社）

根据读者习惯进行细分，要考虑其地域文化、教育背景或生活方式等方面对阅读的影响。例如，有些日文版书籍设计中沿袭东方古代书写特点，在书籍版式设计中采用竖排版，体现东方文化特色（图3–19）。这些读者细分标准可以引导书籍设计的创新方向，塑造新时代的阅读体验。

第三节　书籍的气质风韵

书籍的气质是其整体呈现出来的个性特征。书籍的气质需要从书籍信息内容中提取独特点，并将这些独特点转换为可感知的种种符号，再根据整体观念将这些符号协调一致，使之形成统一整体。书籍的风韵则是阅读书籍时从中可把握的形式特征及可把玩的审美体验。这就要求关注书籍气质与读者的关系，使读者能充分把握到突出书籍气质的形式特征，进而感受到独特的审美体验。

确定书籍的气质风韵，可以从书籍的作者与风格、时代感与地域性、“雅”“俗”定位、传达与互动这四方面切入。

书籍的作者及行文风格有时可以为书籍确定其整体气质风韵。不同作者有其不同个性特征及写作背景，还有不同的行文风格。这种行文风格可以在文笔描述间、整体结构中或语气顿挫里。例如，鲁迅先生文锋犀利，字字珠玑，读之给人醍醐灌顶之感，而鲁迅先生的形象及个性也具有相同的坚实犀利的特征，由此可以确定书籍设计本身的气质风韵（图3–20）。又如，张爱玲的小说，文笔清冷苍凉，色彩斑斓且隐喻丰富，字里行间也透露出她个人的人生经历（图3-21）。从书籍的作者及风格着手来确定书籍气质风韵时，一般可以用到突出作者、文风、流派等思路的书籍策划思路中。

图3-20　鲁迅文集书籍设计
（《鲁迅经典文集》，云南教育出版社）

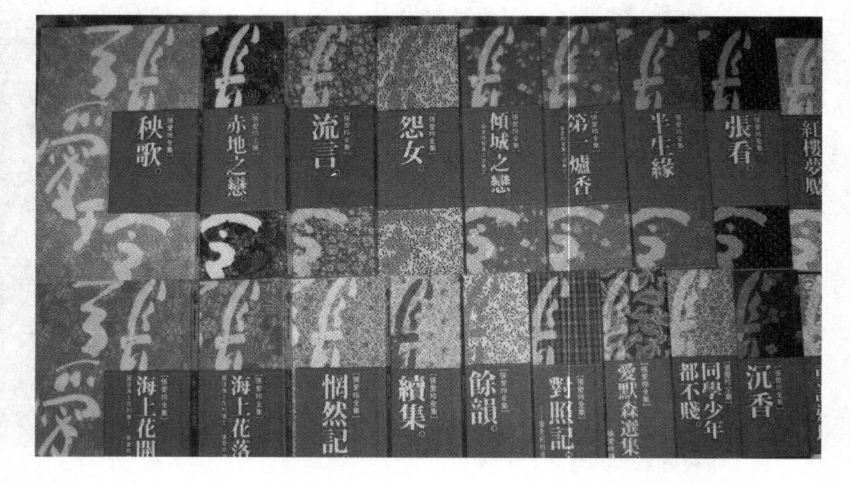

图3-21　张爱玲作品集书籍设计
（《张爱玲全集》，皇冠出版社）

从书籍的时代感与地域性着手确定书籍整体气质风韵也是较为常用的方法，适合用于书籍信息内容本身具有明显的时代背景或地域特征，同时在整体编辑策划时也强调这方面特点。但要注意编辑策划方向，到底是还原时代特征还是借古喻今，同时还要清楚区分到底是哪个时代的特点（图3-22）。而地域特点也要切实从书籍内容中把握当地的风土人情，而非想当然，或只做出“西方”或“东方”这样的笼统界定（图3-23）。

图3-22　突出时代感的书籍设计
（《开国之惑》，重庆出版社）

图3-23　突出地域性的书籍设计
（《西藏秘密》，长江文艺出版社）

书籍的“雅”与“俗”的定位，往往是从编辑策划思路中来进行定位的。例如，有的书籍从内容上来看可能专业性较强，针对的读者群较为狭窄而固定，那么设计时一般会体现其专业权威性，定位雅致严肃（图3-24）。但如果编辑策划书籍时，考虑扩大读者群，希望这本书最终成为一本适合大众阅读的书籍，那么它原始的信息内容即使偏向专业性，但后期书籍信息内容整理时则会考虑便于大众理解而增设一些环节突出其普适性，并在书籍设计中尽量体现亲和愉悦的“俗”定位（图3-25）。这种“雅”与“俗”的书籍定位，在近几年的专业类书籍设计中也有许多新的尝试，可供学习借鉴。

书籍既能传达知识，也能沟通交流。由书籍带来的阅读，既可以是一个人静静阅读，也可以是亲子互动阅读，还可以是小群体阅读交流。考虑书籍的传达与互动，其实也是考虑阅读书籍的方式和环境。例如，同为儿童经典读物，定位为传达的书籍，可能更多突出在传统的插图、文字及版式方面的设计，强调阅读中对信息的获取（图3-26）；定位为互动的书籍，则更多突出互动方式的设计，如设置涂色板块、故事板块、角色扮演板块、识图识字粘贴板块等方式来加强儿童与书籍的互动或亲子间的互动（图3-27、图3-28），甚至改变传统纸质载体转为电子载体，加强声音、音乐、动画等方式来进行人机互动（图3-29）。

图3-24　雅定位的书籍设计

图3-25　俗定位的书籍设计

图3-26　传达定位的儿童书籍设计
（《我的第一本书》系列读物，黑龙江美术出版社）

图3-27　互动定位的儿童书籍设计
（学生作品）

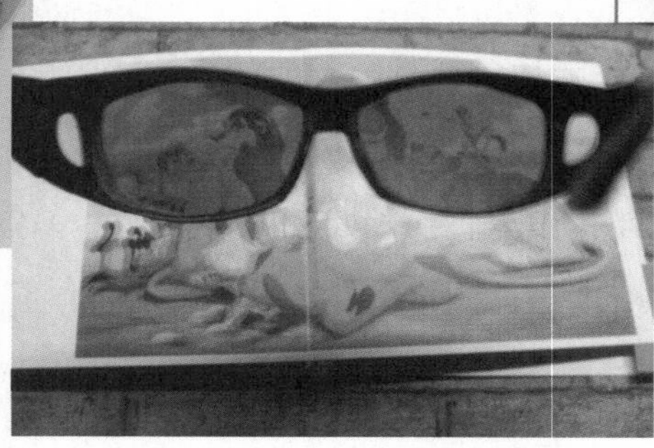

图3-28　互动定位的儿童书籍设计
（学生作品）

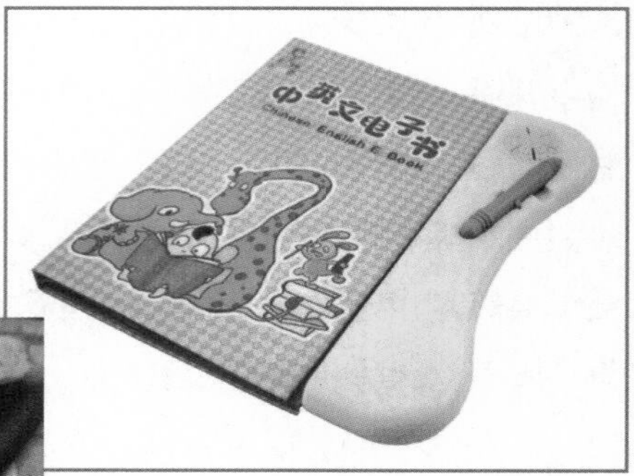

图3-29　互动定位的儿童书籍设计
（乐乐鱼牌的中英文电子书）

第四节　书籍设计的整体构思

从书籍的信息内容、读者定位和气质风韵三方面，可以较为全面地把握书籍设计的对象。由此，可以展开书籍设计的整体构思，并以此指导书籍设计的创意表现。

对于书籍设计的整体构思，首先需要把握其整体性，为整本书确定其基调和特色。书籍设计的整体性，要求书籍设计师将书籍设计当做一个有机整体来看待，不仅包括书籍设计的对象，也包括书籍设计的内容和书籍设计的过程。从书籍设计的对象来看，每本书都是一个完整的整体，其信息内容有其完整的可读性，并能给读者完整而独特的阅读感受。从书籍设计的内容来看，书籍设计包括其开本、造型结构、版式、材料及工艺等多项内容，每项内容虽得一项项单独完成，但在阅读时却构成一种整体体验，由此也带来了书籍设计对象与设计内容的融合统一（图3-30）。从书籍设计的过程来看，书籍设计包括

图3-30　书籍设计对象和内容的整体性
（学生作品）

前期的调研策划，中期的草图方案设计、电子档绘制、调整、定稿及校对整理等印前工作，后期的印刷、装订乃至宣传策划等印后工作，各步环环相扣，构成一个整体。在这个过程中，书籍设计所涉及的所有相关人员，是计划和执行书籍设计的关键，将这些人连成一个整体，书籍设计师在其中也起到非常关键的作用。

明确了书籍设计的整体性后，就可以开始整理书籍设计的内外逻辑。书籍设计的内部逻辑，主要是指书籍本身信息内容所构成的内部逻辑关系。这可以从书籍本身的信息内容出发，确定其基本类别、主题及信息编辑结构，由此梳理出封面封底信息、扉页信息、正文信息及层次关系等，确保书籍本身的可读性。书籍设计的外部逻辑，主要是指书籍形态结构及版面布局等构成的外部逻辑关系。书籍外部逻辑关系决定了阅读的顺序，而只有在书籍外部形态结构与内部逻辑关系契合时，才可能易读易懂，带来流畅的阅读顺序，并形成统一的阅读感受。设计时，需要先整理书籍设计的内部逻辑关系，再结合书籍的读者定位和书籍的气质风韵调整信息编辑结构，由此构建书籍设计外部逻辑关系。一旦书籍设计的内外逻辑构建起来，书籍设计的整体设计构思就能反映为具体的草图方案，抽象的特征及信息内容就转化为具象的结构、形式乃至风格了（图3-31）。

《寻桥》
寻访武汉的桥

桥——
斜拉桥
几何构成
通透
相连接

路上的桥——
立交桥
草地绿
方块布局

水上的桥——
蓝色
流水
灵动
圆点

记忆的桥——
古老
土黄
尘封的抽屉

书名字体设计草图及初稿

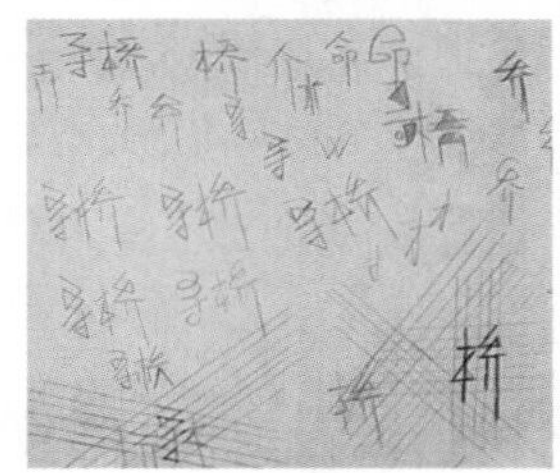

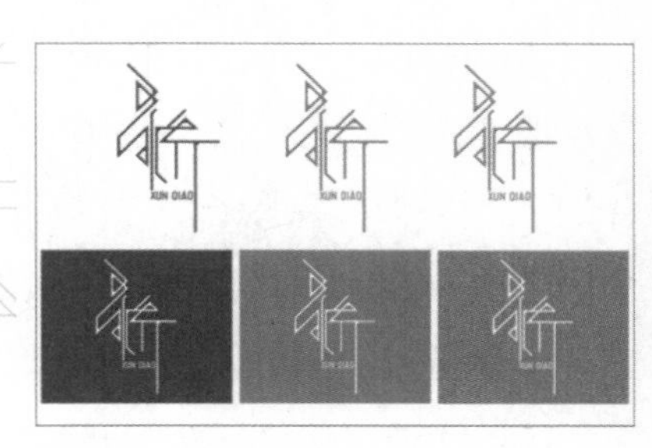

书籍形态结构草图及效果图

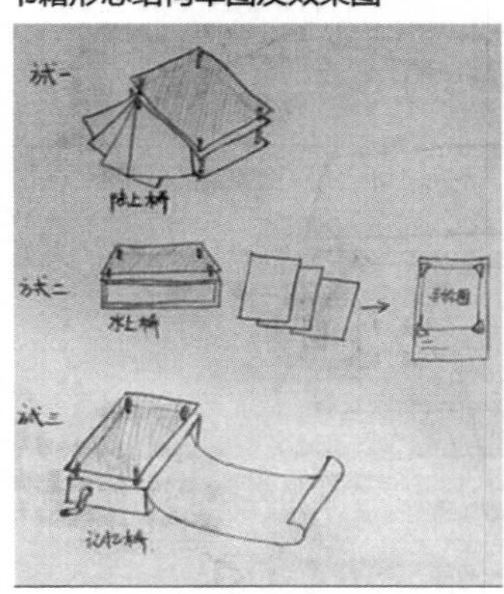

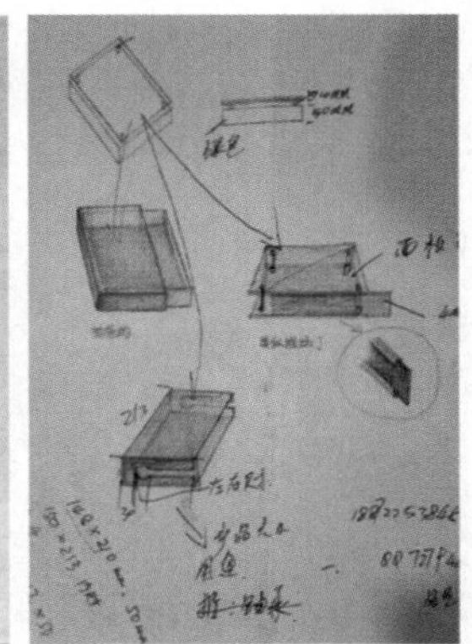

书籍封面及内页版式草图

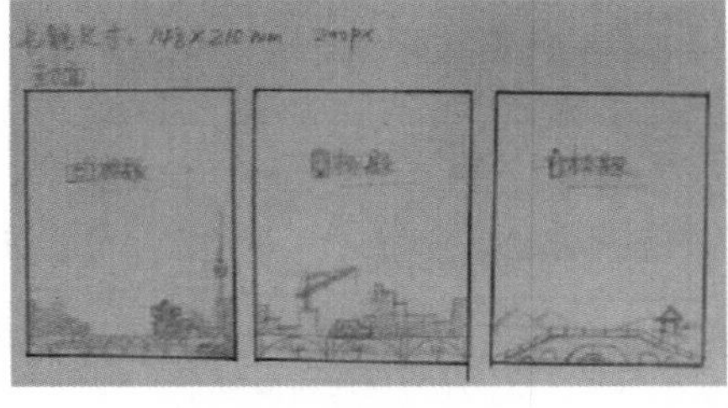

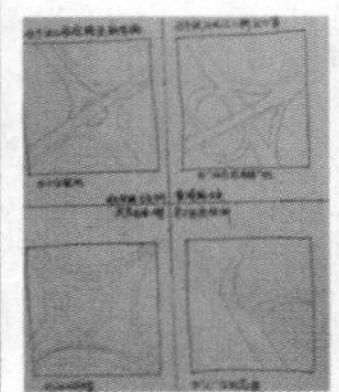

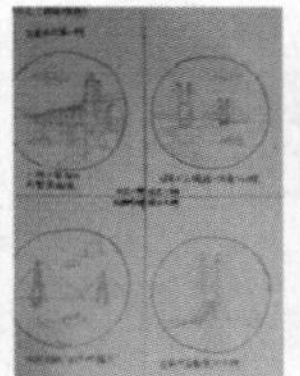

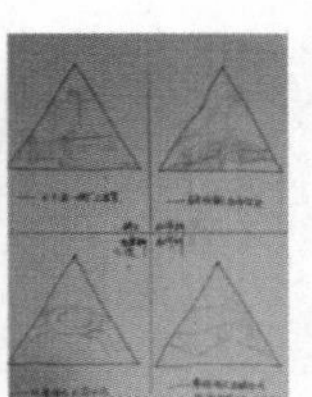

图3-31　书籍设计的内外逻辑（学生作品）

图3-32 书籍设计的审美趣味（学生作品）

书籍设计的内外逻辑构成了一本可读的书籍，其整理主要基于读者的理性思维。但与读者长时间相处的书籍，还需要可感可念，值得把玩与回味。这就需要关注书籍设计的审美趣味，调动读者的感性思维。所谓书籍设计的审美趣味，因读者而异，因书籍而异。将书籍的气质风韵具象化为设计的风格形态，再针对读者的喜好、习惯甚至生活经验等，调动其感官体验与审美经验，由此构成书籍设计的审美趣味（图3-32）。关注阅读的整个过程，从整体把握，从细节着手，徐徐展开，慢慢渗透，书籍设计的审美趣味才会如芬芳的花朵透出不同层次的书香。

之后，梳理其信息内容，确定书籍设计基本形态，统一书籍设计的内外逻辑；最后，将书籍设计的形态结构及风格表现精炼为统一而独特的审美趣味，给读者独特的阅读体验。书籍设计整体构思的具体过程及方法，则会从书籍设计的调研与策划中展开。

书籍设计的整体性、内外逻辑及审美趣味构成了书籍设计的整体构思，具体实施过程中，则会从书籍设计的调研与策划中展开。书籍设计市场调研，主要是指本书设计市场调研和同类书籍设计市场调研。调研方法一般包括观察法、访谈法、视觉研究法、实地调研法、比较法、归纳法等多种方法。调研的形式可以小组或个人方式展开。调研结束后需要形成调研报告，确定整体构思和创意方向。书籍设计调研报告，包括调研和策划两大部分（表3-1）。

表3-1 书籍设计调研报告

书籍设计调研报告		
1	项目概述	书籍内容简介、书籍读者定位、书籍基本信息结构、书籍设计目标及要求(根据编辑或作者的委托来定)
2	市场调研	调研目的、调研方法、调研时间地点、调研内容(一般包括同类书籍的基本定位、开本设计、封面特色、内页版式、材料应用、工艺应用、内外逻辑、审美趣味、整体效果等方面)
3	调研分析	各项调研内容的特色及优缺点分析
4	调研小结	通过调研分析指出其中可供学习的优点、可供参考的特点、可供改良的缺点,由此确定本次书籍设计的切入点
5	整体构思	结合项目概述及调研小结,拟定书籍整体构思方案,从书籍设计切入点入手,明确提出本次书籍设计的创意方向,并指出书籍设计整体思路,提供初步草图方案
6	具体计划	根据整体构思,协调各方要求,拟定可供后期执行的具体计划,预估成本

完成以上内容后，书籍设计的整体构思即确定，则可进入下阶段的书籍设计创意表现。

章后练习

确定一本书籍设计项目B，完成该书籍设计的整体构思。包括以下内容：

1. 阅读该书籍，把握该书籍的核心信息。
2. 针对该书籍设计，展开该书籍及同类书籍的设计调研，完成调研报告。
3. 结合调研，完成该书籍设计构思及草图方案。
4. 完成该书籍设计整体构思方案PPT汇报，包括设计调研、设计构思、草图方案、设计计划等内容。

第四章　书籍设计的创意表现

◆ 章前导读

书籍设计在整体构思之后，可以通过不同的方面突出其创意特色。本章主要从书籍设计的信息视觉化形式、形态结构、版面编排及材料工艺四方面着手，呈现出书籍设计创意表现的种种可能。书籍设计的创意表现，并非单纯形态上的求奇求异，而是从书籍信息出发，与书籍本身特点相映衬的独特形式。通过本章的学习，理解书籍设计创意表现方法和手段，掌握在整体构思指导下的书籍设计创意表现。

第一节　书籍设计的信息视觉化

为了更好地表达书籍中的信息内容，有些书籍会借助插图、图表以及各种视觉符号等形式使读者更清晰的理解信息内容或把握整体氛围。这些插图、图表或符号，借助视觉形式能增强读者阅读体验，并更好地诠释或烘托书籍信息内容，即可统称为书籍的信息视觉化设计。

有些插图和图表等是由书籍作者或插图作者完成，以作为图片资料，交给书籍设计师。而也有些书籍并没有插图和图表等形式，书籍设计师接到设计任务后，在信息编辑和整体策划阶段经协商需要信息视觉化设计时，则可根据书籍内容进行信息视觉化设计，并将此作为书籍设计的创意表现途径，突出书籍特色。

一、书籍设计的插图及创意应用

插图，最基本的含义是插在书籍文字之间对文字内容起到说明或诠释作用的图画，因此，我们可以说插图是一种信息视觉化形式。

书籍插图表现历史悠久（图4–1至图4–4）。中国最早出现的插图是在唐代的木刻版佛经书籍中，通过佛经书籍中的精美插图，佛教经典形象得以广泛传播，佛教教义也更易为广大普通百姓了解。北宋时期之后，儒家经典和文学读物渐渐占主导，同时也出现了文学插图，再现文学情节和场景。元代兴盛的戏曲折子、小说杂剧等市民文化大大推动了图书出版以及书籍插图的发展，插图将读者与文学作品紧密连接。明清时期是一个小说文学的繁荣期，也是人文科学、自然科学、社会科学的一个重大沉淀期，插图的数量和质量也都有一定提高。近代19世纪末开始，西方现代书籍的出版方式对中国的书籍出版产生重大影响，其插图形式也吸收了西方插图设计的风格特点（图4–5）。

图4-1 古代书籍插图

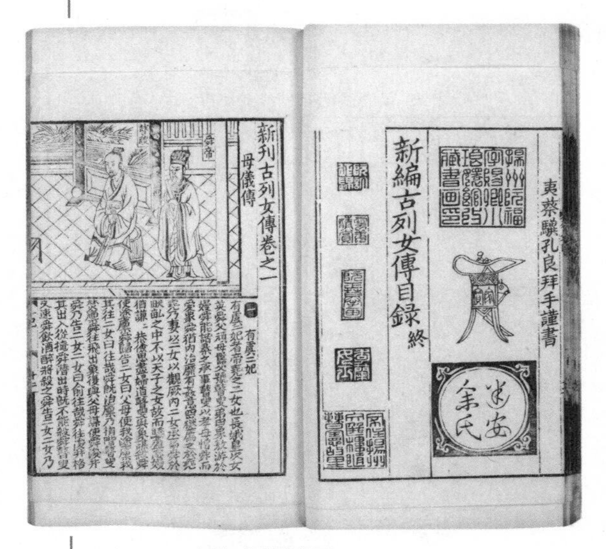

图4-2 古代书籍插图

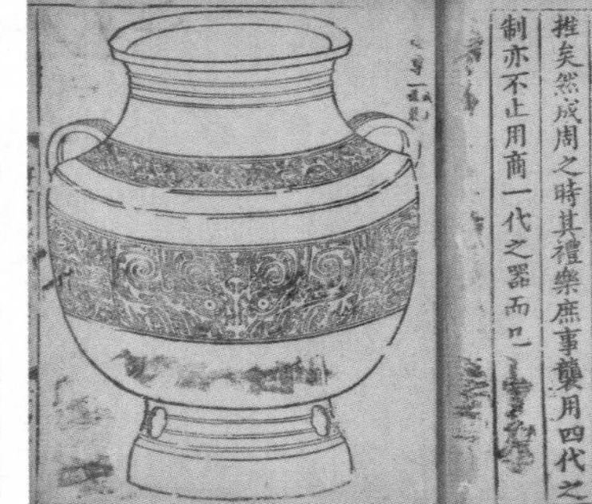

图4-3 古代书籍插图

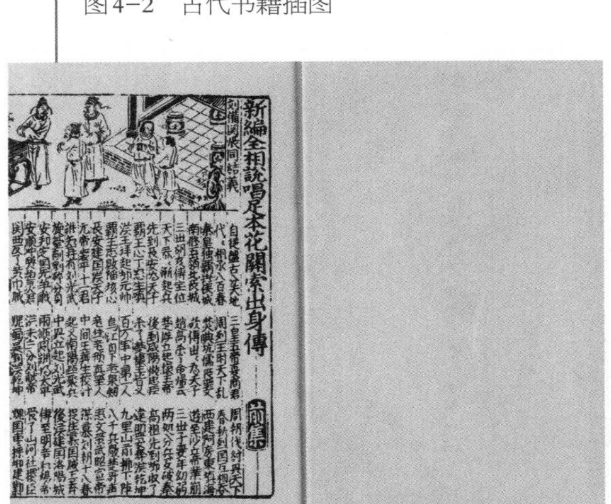

图4-4 古代书籍插图

图4-5 近代书籍插图

如今，插图的形式，则不仅是绘画，还可以是摄影、图表、插画或立体结构等多种形式（图4-6至图4-8）。插图的作用，也不仅是说明或诠释文字内容，还可以是烘托氛围或增加互动等，有些插图本身还具有收藏鉴赏的作用（图4-9、图4-10）。

图4-6　现当代插图形式（《土地》，王序设计）

图4-7　现当代插图形式（《枕草子》，王志弘设计）

图4-8　现当代插图形式（《Alice's Adventures in Wonderland A Pop-up Adaptation》，Simon & Schuster 出版社）

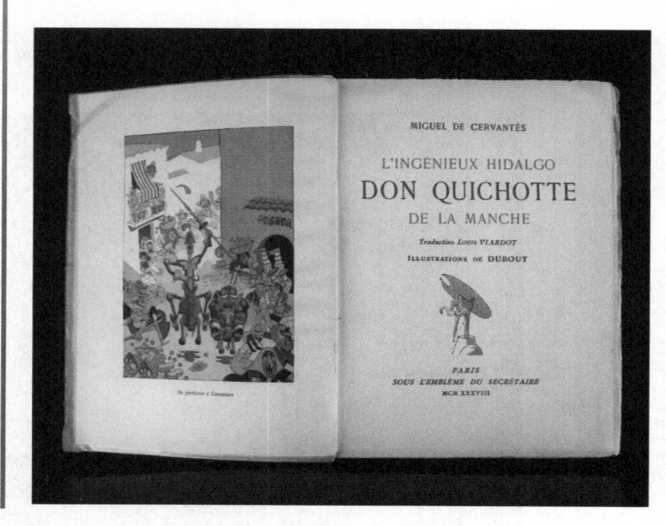

图4-9　插图的说明诠释作用

图4-10　插图的收藏鉴赏作用

插图发展至今，其表现形式丰富，风格特色各样，运用时则要根据书籍内容和定位进行整体考虑。在书籍设计的整体策划阶段，根据书籍内容确定插图的目的和基本形式，根据书籍气质特点确定插图的整体风格和表现形式，从插图设计角度突出书籍设计创意表现的特点。例如，文学类书籍插图一般根据情节和场景设置，起到说明和烘托作用，根据文学类别和文笔特点来确定插图风格形式（图4–11）；少儿类读物的插图一般根据文字内容中涉及的视觉形象展开联想，基本形式一般是插画或绘画，起到具象化或描绘说明的作用，整体风格可爱有趣，表现形式多样（图4–12）；科技类书籍的插图一般根据原理、逻辑和技术进行设置，基本形式可以是插图、图表或相片，起到说明和诠释作用，整体要求简明准确（图4–13）。

图4–11　文学书籍插图
（《利刃出鞘》，花山文艺出版社）

图4–12　儿童书籍插图
（《大头儿子和小头爸爸》，接力出版社）

图4.–13　科技书籍插图
（《凯里生物群》，贵州科技出版社）

除了从书籍插图的目的、基本形式、整体风格和表现手法等方面寻求书籍设计创意表现之外，还可以从书籍插图与读者的关系中把握其创意表现。

书籍插图能吸引读者注意力，增加读者阅读兴趣，并利用艺术特色给读者带来独特的审美体验。在书籍设计中，把握插图对读者阅读兴趣的诱导与调动特点，突出插图与文字之间的关联，关注插图与插图之间的关联，注意利用插图去调节读者阅读节奏，就是更高一层的书籍插图设计要求。具体而言，除了对书籍内容和气质的把握外，要求书籍设计师结合读者特点来确定插图的数量、形式和风格，以满足不同读者对插图的喜好。并结合书籍文本信息内容与读者阅读体验，选择在封面上或在内页合适的文字内容间插入插图，以充分调动读者阅读积极性，保持悬念、烘托情感或提起兴趣（图4-14至图4-16）。

图4-14　不同读者对插图的喜好
（张曙光诗集《阴阳之影》，米纳尼姆出版社）

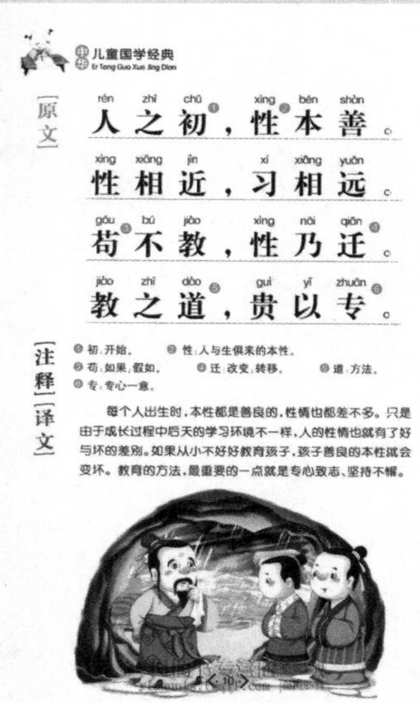
儿童国学经典
Er Tong Guo Xue Jing Dian

［原文］

rén zhī chū xìng běn shàn
人之初①，性②本善。

xìng xiāng jìn xí xiāng yuǎn
性相近，习相远。

gǒu bú jiào xìng nǎi qiān
苟③不教，性乃迁④。

jiào zhī dào guì yǐ zhuān
教之道⑤，贵以专⑥。

［注释］

① 初：开始。 ② 性：人与生俱来的本性。
③ 苟：如果，假如。 ④ 迁：改变，转移。 ⑤ 道：方法。
⑥ 专：专心一意。

［译文］

每个人出生时，本性都是善良的，性情也都差不多。只是由于成长过程中后天的学习环境不一样，人的性情也就有了好与坏的差别。如果从小不好好教育孩子，孩子善良的本性就会变坏。教育的方法，最重要的一点就是专心致志、坚持不懈。

图4-15　不同读者对插图的喜好
（《中华儿童国学经典：三字经》，汕头大学出版社）

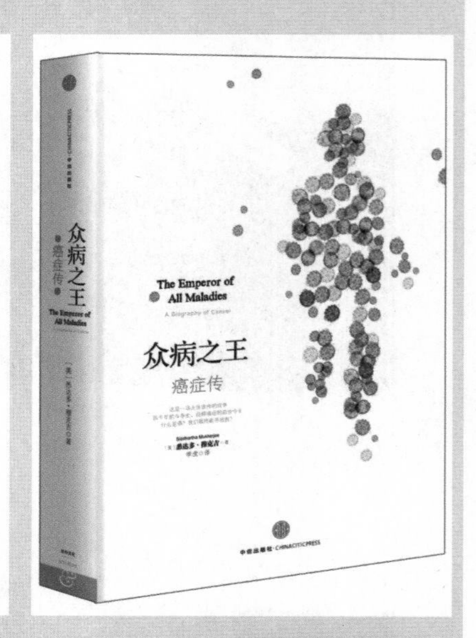

图4-16　利用插图调动阅读
（《众病之王：癌症传》，中信出版社）

好的插图设计，不仅是文本注解，更是具有独立审美价值的艺术作品。而书籍插图，则要求整本书的文字和插图浑然一体，给读者带来整体而深刻的阅读体验与和谐且统一的审美感受。

二、书籍设计的图表及创意应用

书籍设计是为了书籍内容更好传递给读者而进行的工作，因此要使书籍内容以最合适的方式传递给读者。这就要求书籍设计师具备解释信息、重组信息、视觉编辑和艺术指导等一系列信息视觉化的能力。除了传统的插图之外，信息图表和符号设计也是能使读者更清晰更直观把握信息的方式，也可能成为书籍设计的创意点。

在书籍设计中，信息图表和插图一样，并非必须进行的设计，但如果选用得当，则可以促成书籍设计信息视觉化的创意表现。如果书籍内容本身具有记录过往经历、呈现事物结构或关系、表现预想蓝图等方面特点时，就可以考虑将其转化为信息图表，从信息视觉化角度思考书籍设计的创意特色（图4–17、图4–18）。

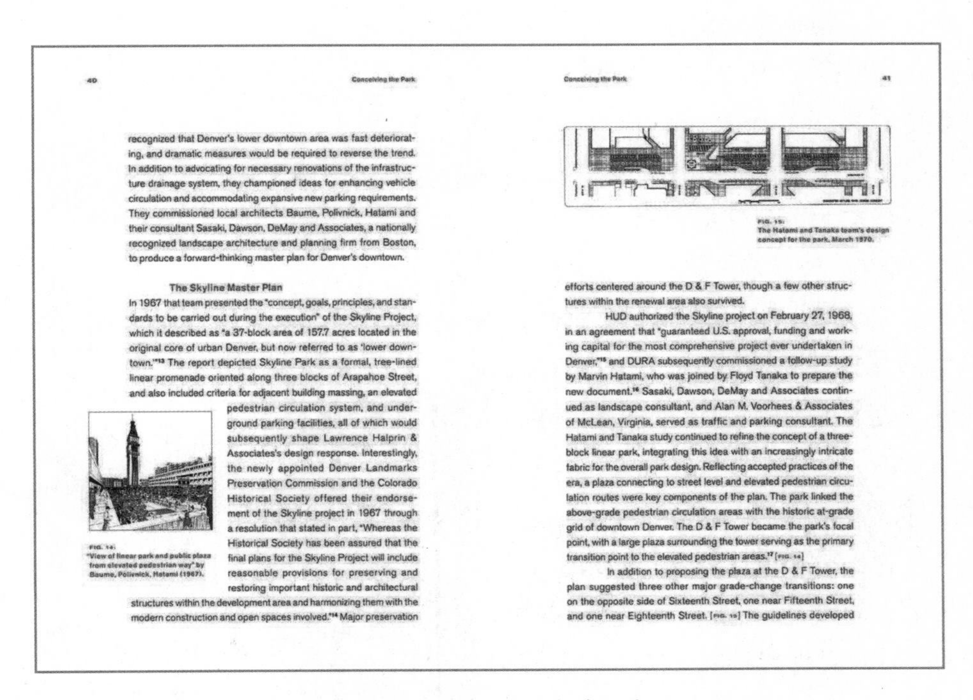

40　　Conceiving the Park

recognized that Denver's lower downtown area was fast deteriorating, and dramatic measures would be required to reverse the trend. In addition to advocating for necessary renovations of the infrastructure drainage system, they championed ideas for enhancing vehicle circulation and accommodating expansive new parking requirements. They commissioned local architects Baume, Polivnick, Hatami and their consultant Sasaki, Dawson, DeMay and Associates, a nationally recognized landscape architecture and planning firm from Boston, to produce a forward-thinking master plan for Denver's downtown.

The Skyline Master Plan

In 1967 that team presented the "concept, goals, principles, and standards to be carried out during the execution" of the Skyline Project, which it described as "a 37-block area of 157.7 acres located in the original core of urban Denver, but now referred to as 'lower downtown.'"[13] The report depicted Skyline Park as a formal, tree-lined linear promenade oriented along three blocks of Arapahoe Street, and also included criteria for adjacent building massing, an elevated pedestrian circulation system, and underground parking facilities, all of which would subsequently shape Lawrence Halprin & Associates's design response. Interestingly, the newly appointed Denver Landmarks Preservation Commission and the Colorado Historical Society offered their endorsement of the Skyline project in 1967 through a resolution that stated in part, "Whereas the Historical Society has been assured that the final plans for the Skyline Project will include reasonable provisions for preserving and restoring important historic and architectural structures within the development area and harmonizing them with the modern construction and open spaces involved."[14] Major preservation

FIG. 14:
"View of linear park and public plaza from elevated pedestrian way" by Baume, Polivnick, Hatami (1967).

Conceiving the Park　　41

FIG. 15:
The Hatami and Tanaka team's design concept for the park, March 1970.

efforts centered around the D & F Tower, though a few other structures within the renewal area also survived.

HUD authorized the Skyline project on February 27, 1968, in an agreement that "guaranteed U.S. approval, funding and working capital for the most comprehensive project ever undertaken in Denver,"[15] and DURA subsequently commissioned a follow-up study by Marvin Hatami, who was joined by Floyd Tanaka to prepare the new document.[16] Sasaki, Dawson, DeMay and Associates continued as landscape consultant, and Alan M. Voorhees & Associates of McLean, Virginia, served as traffic and parking consultant. The Hatami and Tanaka study continued to refine the concept of a three-block linear park, integrating this idea with an increasingly intricate fabric for the overall park design. Reflecting accepted practices of the era, a plaza connecting to street level and elevated pedestrian circulation routes were key components of the plan. The park linked the above-grade pedestrian circulation areas with the historic at-grade grid of downtown Denver. The D & F Tower became the park's focal point, with a large plaza surrounding the tower serving as the primary transition point to the elevated pedestrian areas.[17] [FIG. 14]

In addition to proposing the plaza at the D & F Tower, the plan suggested three other major grade-change transitions: one on the opposite side of Sixteenth Street, one near Fifteenth Street, and one near Eighteenth Street. [FIG. 15] The guidelines developed

图4–17　书籍内容与信息图表
（《Modern Landscapes：Transition & Transformation》，Princeton Architectural Press）

图4–18　书籍内容与信息图表
（《我的第一本艺术书》，中国城市出版社）

一般而言，信息图表通常有三个组成要素，即数据、注释、图表模型（图4–19）。读者在阅读书籍时，主要对承载书籍内容的信息数据感兴趣，因此信息图表设计总会围绕信息数据来展开，对于书籍而言，信息数据就是书籍的内容和气质，信息图表设计的目的也就是要讲书籍的内容和气质方面的特点以视觉化的方式呈现在读者眼前。

首先，书籍设计师要对书籍内容和气质有基本了解，通过阅读书籍来理清其信息内容结构层次，从而进行信息编辑。在信息编辑的过程中，确定需要进行视觉化设计的书籍信息点。要从整体上去把握这些信息点之间的关联性，突出书籍内容特点，由此确定整本书的信息线索，例如某种核心观点、逻辑推演、流程顺序、时空迁移等。

之后，结合书籍整体基调、编辑策划方向和读者定位，确定书籍信息线索的视觉化方向，将抽象的概念转化为具象的视觉特征。所谓信息线索的视觉化方向，即关注信息线索和书籍整体基调中具有描述、说明、比较、比喻、象征等信息，从中提取和转化出某些视觉符号，例如：某些标志或象征图形、轮廓、比例、色彩、色调等（图4-20、图4-21）。无论何种视觉符号，都能在一定程度上调动读者的联想和想象，使之从感性上把握到一定的信息。如果这些视觉符号还能为读者所认同甚至喜爱，那么读者对其所承载的信息也会更具好感，更愿意与书籍进行情感互动，加深读者的认知和感受。

再根据信息线索的特点，套用各种常见图表模型，将这些散点状的基本视觉符号依据模型串联成线、面或体，最终将抽象的信息线索构成可视化的信息图表。而常用的图表模型有许多，例如，柱状图、盒状图、饼图、线图、散点图、透视图、序列图、平剖图、轴测图、横截面图、剖面图、时间表、地图投影、维恩图、树状图、示意图等，既可以比较数字信息，也可以表现事物结构，还可以表达较为抽象的时空关系、社会关系、广义原理等（图4-22）。只要抓住了书籍本身的信息线索，明确需要表达的信息特征，就可以据此有针对性的套用这些基本图表模型（图4-23、图2-24）。

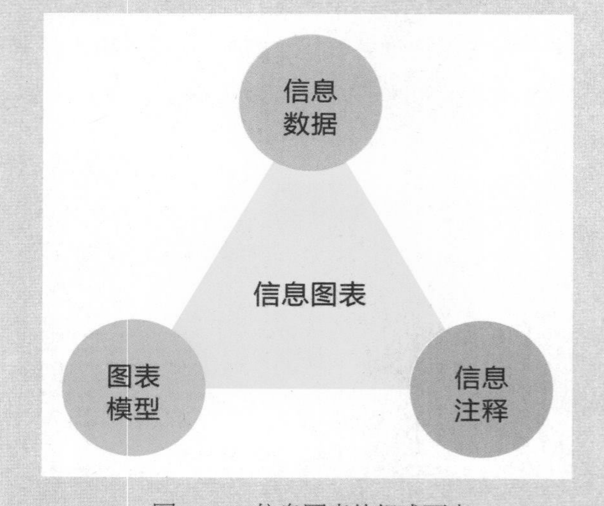

图4-19　信息图表的组成要素

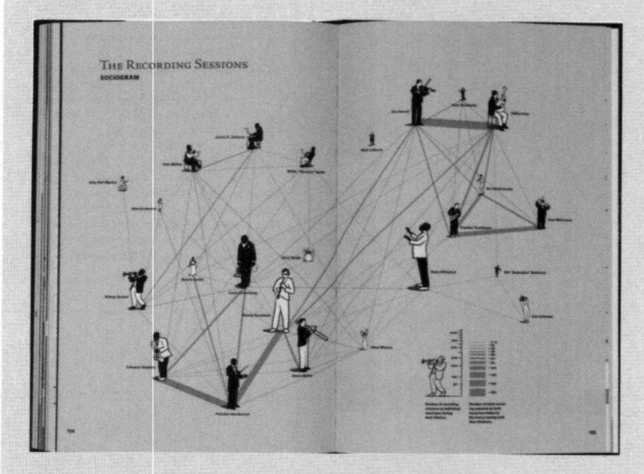

图4-20　信息的提取及视觉表现
（《Jazz. New York in the Roaring Twenties》，Robert Nippoldt设计，塔森出版社）

图4-21　信息的提取及视觉表现

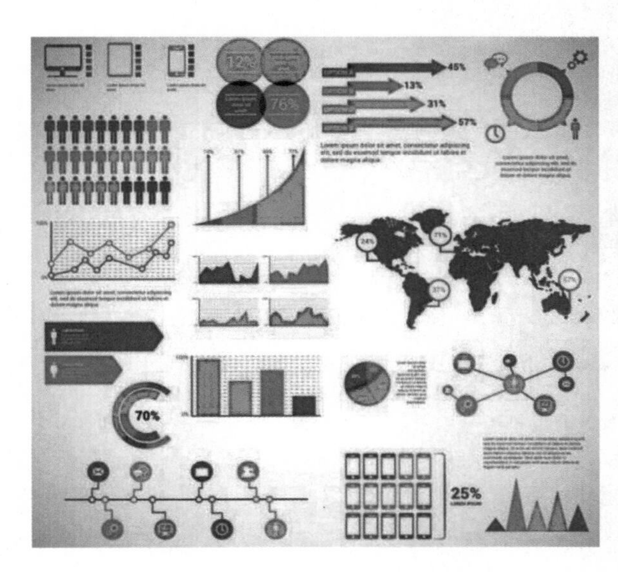

图4-22　信息图表的常用基本模型

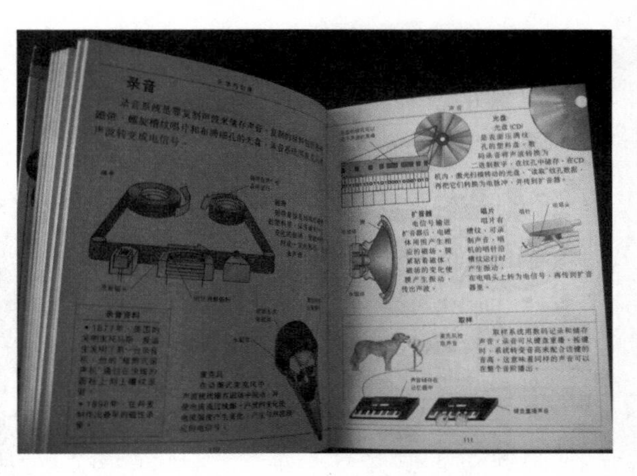

图4-23　信息图表的基本模型应用
（《彩图袖珍》，接力出版社）

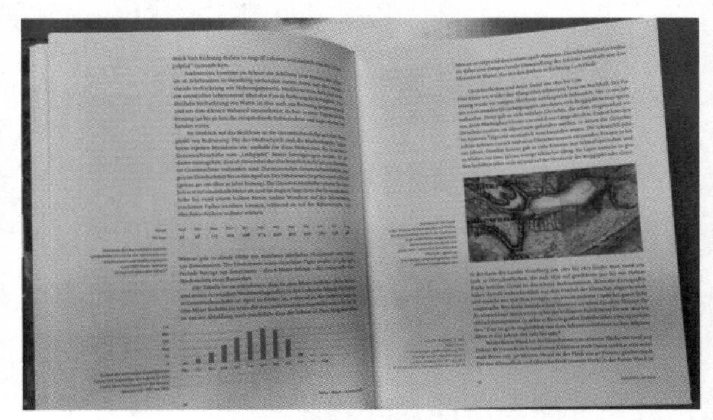

图4-24　信息图表的基本模型应用

最后，再进行整体调整，配合必要的信息注释（图4-25），并结合书籍设计的其他工作，使信息图表与其他书籍图文信息能融为一体，成为书籍整体设计的一部分，给读者带来层次更丰富的阅读体验（图4-26）。

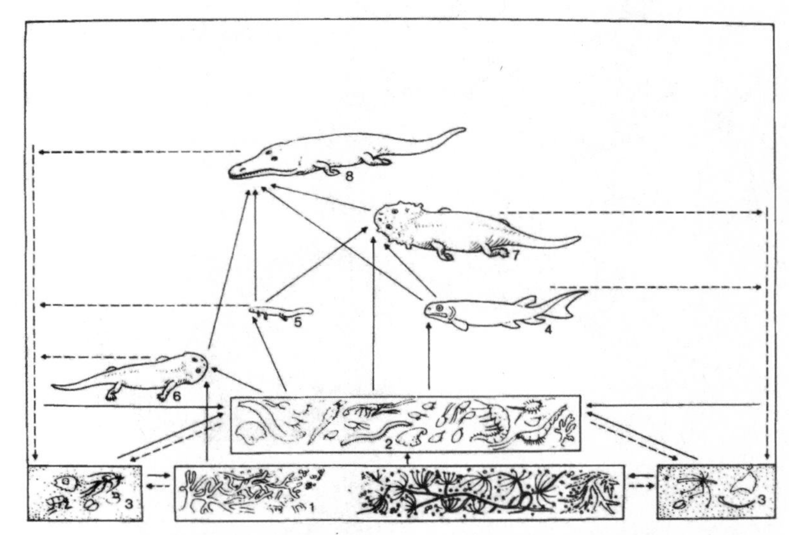

图4-25　信息图表中的信息注释

图4-26　书籍整体设计与信息图表（《Kalorien Mund Gerecht》，Neuer Umschau Buchverlag）

既然图表设计也是为信息沟通服务，那么在书籍设计中是否需要添加信息图表，甚至是否能够将信息图表作为书籍设计信息视觉化创意表现的途径，除了考虑书籍内容特点、编辑策划意图和作者意图之外，更要考虑书籍读者特点。对于熟悉图表和喜欢读图的读者来说，信息图表能使其快速清晰地理解内容，并带来丰富而有趣的视觉体验。但对于不熟悉图表的读者而言，信息图表反而容易让读者感觉头晕眼花，被大量图表所吓退。因此，图表设计在书籍设计中需要根据读者阅读喜好和知识水平来确定是否需要或者以何种方式呈现（图4-27、图4-28）。

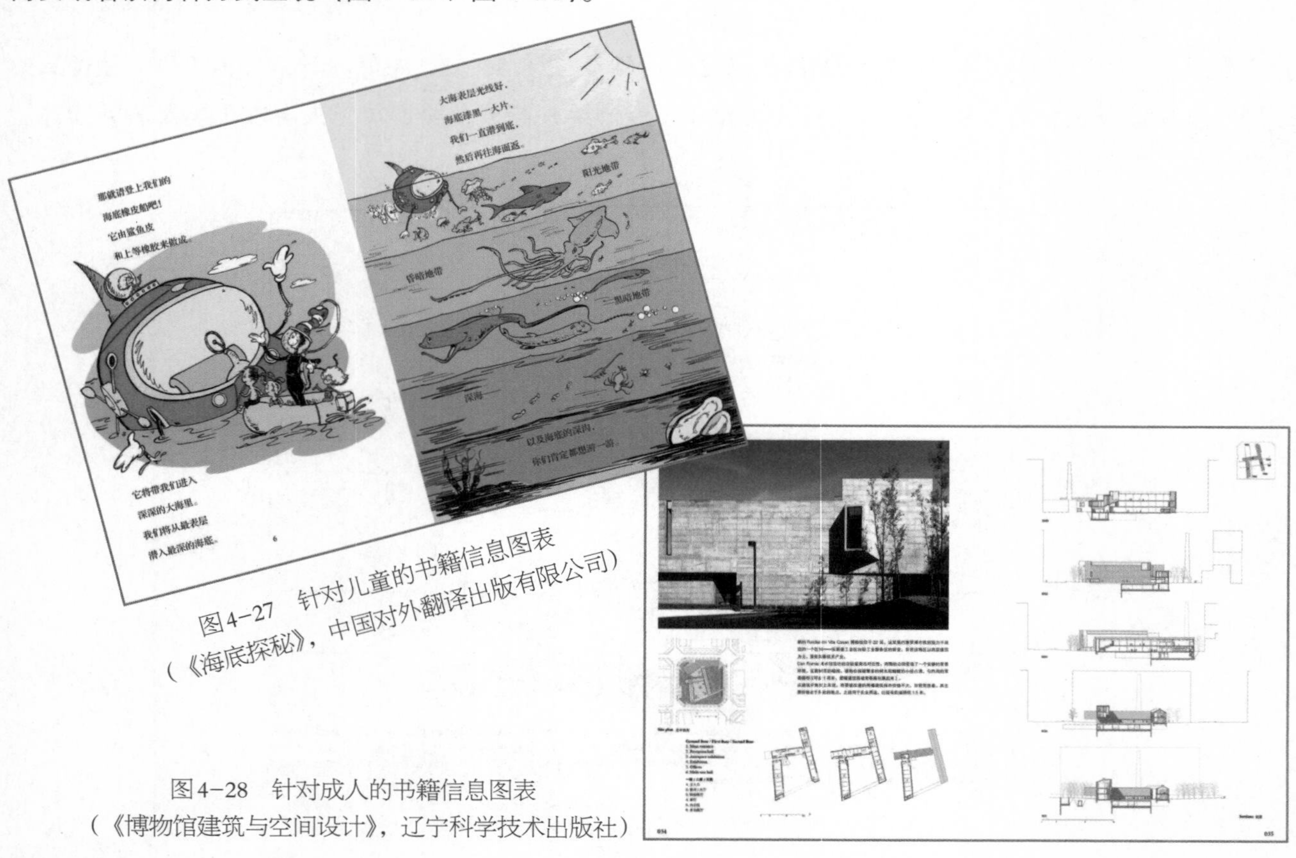

图4-27　针对儿童的书籍信息图表
（《海底探秘》，中国对外翻译出版有限公司）

图4-28　针对成人的书籍信息图表
（《博物馆建筑与空间设计》，辽宁科学技术出版社）

第二节　书籍设计的形态结构

书籍的形态结构是书籍内在气质的一种表现，设计师们通过对整本书精髓思想的提炼和把握，用恰如其分的书籍形态结构来表达，使读者在阅览内容之前，从整本书的外观上就对该书有感性的认识。因此，在书籍设计的形态结构中寻求创意表现的途径，也是许多书籍设计师的选择。具体而言，可以从书籍的自然形态结构、特殊形态结构和组合形态结构三条思路切入，展开书籍形态结构的创意思考。

一、书籍设计的自然形态结构

世界上许多最美的设计都是自然的产物。在设计领域中，无论从意念到表现，自然形态都会给设计带来新的生命内涵，将其作为设计元素来满足人类心理和生理的需求。书籍设计也同样可以从自然形态中寻找创意灵感，将其应用于书籍形态结构设计中。

图4-29　古代选用自然型材的书籍设计

在书籍设计的历史上，就已有许多自然形态的书籍，如早期的甲骨“书”、石板“书”、叶片“书”、羊皮“书”、木牍“书”、竹简“书”，以及后期的卷轴装、旋风装、册页装等。这些自然形态的书籍早期一般直接选用自然型材进行加工创意（图4-29）。随着技术与工艺的提高，自然形态结构的书籍在后期则多采取仿生设计的手法，不仅是简单的形似，更是神韵或结构的相似，回归亲切质朴，给读者自然的体验（图4-30）。

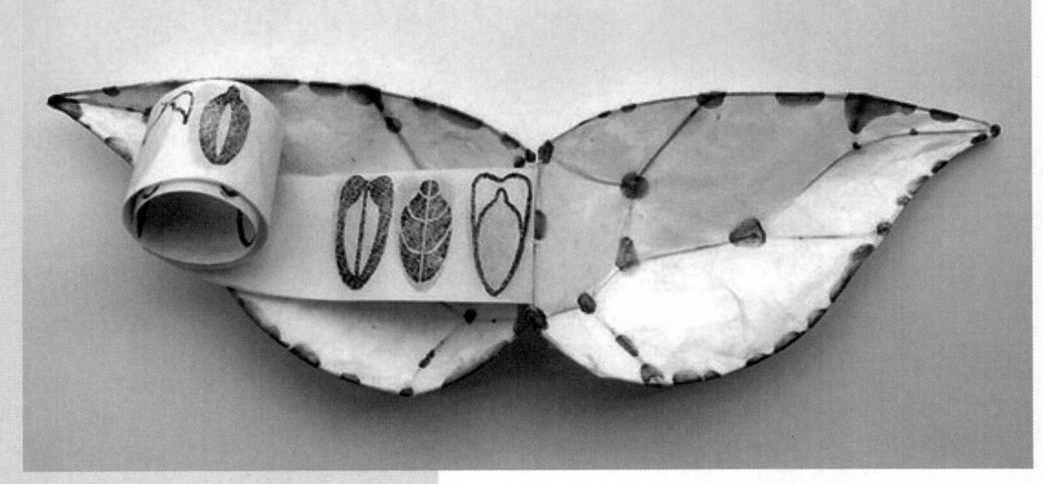

图4-30　现代采用仿生手法的书籍设计

以上两种手法在书籍设计的自然形态结构创意表现方面都有广泛运用。这两种手法在具体应用时可以从书籍本身和自然物形态结构两方面着手，同时还需满足书籍整体设计的要求。书籍形态结构设计不是脱离书籍内容及气质而存在的，它是书籍整体设计的一部分。因此，对于一本书是否需要自然形态结构，需要根据书籍本身来决定。一般而言，书籍内容本身与某种自然类专题有关时，就可以借用该专题自然物的形态结构来做书籍形态结构设计，使读者在最初拿到这本书的时候就有一种带入感。除此外，书籍内容与气质具有自然质朴之感时，也可以选择自然形态结构完成书籍形态结构设计，以突出书籍的气质风韵。一旦确定自然物时，则可以借鉴其外形与结构来完成书籍形态结构设计。例如，有些书籍选用贝壳、核桃壳等作为书籍封面，其外形与材质给人坚固保护的印象，结构又与常规书籍开合结构相吻合，既富创意趣味，又不失自然亲切（图4-31、图4-32）。又如，以纸张为材料仿自然物形态结构完成的书籍设计，能给人自然质朴的体验，又能满足阅读所需（图4-33）。

图4-31　核桃书

图4-32　贝壳书

图4.-33　鸟形书

二、书籍设计的特殊形态结构

书籍设计除了从自然形态结构中寻求创意表现外，还可以从一些书籍设计基本结构中寻找灵感，打破常规形态结构，以带来独特的阅读体验。

书籍设计常常从开本设定开始，可以通过特殊的开本形态与尺寸给书籍整体设计带来创新体验。随着出版印刷业的快速发展，以及人们阅读需求及审美需求的提高，开本不局限于常规形式与尺寸，其类型多种多样。异形开本根据其外形特征，可以分为几何形、具象形和字母形等几个方向（图4-34至图4-36），几何形开本还包括三角形、圆形、菱形以及几何组合形等（图4-37）。异形开本的出现为书籍设计的发展增添了些许新鲜的视觉元素，使阅读变得更有趣味。而异常尺寸的开本，比起常规开本尺寸来显得极大或极小，除了带来新的阅读乐趣之外，还具有较强的视觉冲击力，起到广告宣传的作用。例如，在日本东京马自达汽车公司的展厅里，工作人员展示的一本大型摄影画册，长3.42米，宽3.07米，重352千克，共16页，堪称开本之最（图4-38）。

图4-34　几何形创意书
（《画魂》，设计师：吴勇）

图4-35　具象形创意书

图4-36　字母形创意书
（设计师Davide Mottes作品）

图4-37　几何组合形创意书

图4-38　超大尺寸创意书
（世界上最大的摄影画册，2004年展于日本东京马自达汽车公司）

书籍的封面和内页形态结构也同样可以带来阅读的创意体验。许多书籍设计会在封面形态结构中寻求创意突破，例如：书籍双封面形态结构，书籍护封与封面一体的形态结构，书籍封面与异形开本结合的形态结构，将平面的书籍封面呈现为立体的形态结构，等等（图4-39、图4-40）。而书籍内页也可以一改千篇一律，通过折叠手法设计部分页面的特殊形态和开合结构，或通过翻折、粘贴、插接等手法实现书籍内页的立体结构，或设计书籍内页的可动结构，或在书籍内页中穿插异形异尺寸的插页等（图4-41至图4-43）。书籍封面形态结构创意，能让读者从最初就把握到这本书籍的独特魅力，对阅读产生兴趣与

图4-39　书籍封面与异型开本结合的创意

图4-40　书籍封面立体化创意（学生作品）

图4-41　书籍内页折叠创意（《凝・动——上海著名体育建筑文化》，张国樑、董伟设计）

图4-42　书籍内页立体化创意

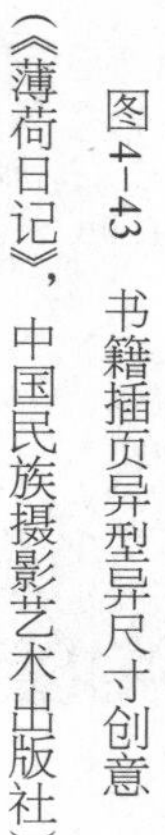

图4-43　书籍插页异型异尺寸创意（《薄荷日记》，中国民族摄影艺术出版社）

图4-44 改变形态的切口创意
(《Guide Lines for Online Success》,Taschen塔森出版社)

图4-45 凸显材质特征的切口创意

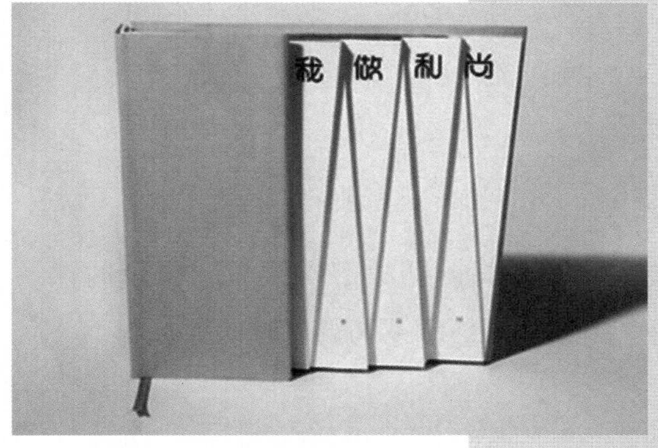

图4-46 与封面结合的切口创意
(《我做和尚》,刘顺利设计)

图4-47 组合形态结构创意书
(选自日本Draft设计公司平面设计作品)

期待；书籍内页形态结构创意，则关系到读者对整本书籍的阅读顺序与阅读体验，让读者在整个阅读过程中充满惊喜与趣味。从书籍整体设计出发，要关注书籍封面与内页形态结构在创意表现方面的整体统一。

除此外，书籍形态结构创意还可以从书籍的切口处寻求。书籍切口是指书籍上白边、下白边、外白边边缘的切割之处。书籍形态是一个由书页组成的具有一定厚度的六面体，封面、书脊、封底占据了吸引人们主要视线的三个面，而书籍切口则构成另外三个面。因此，切口设计成为整体设计中不可缺少的部分。切口的创意设计方向可以从以下三条思路进行：通过折叠、裁切或装订来改变切口形态(图4-44)；配合特殊工艺凸显材料特质（图4-45)；根据书籍内容与封面设计等在切口面形成色彩或图形画面（图4-46)。虽然切口形态结构的创意表现需要比较专业的装订和印刷技术来支持，具有一定难度，但是只要在书籍整体设计时有意识地考虑它，不断地尝试、探索，并作适度设计，也一定能让书籍整体美发挥得淋漓尽致。

三、书籍设计的组合形态结构

书籍设计的形态结构创意可以从自然物中汲取灵感，可以从书籍基本形态结构里寻求突破，还可以融合各式各样的形态与结构再加以重组，构成书籍设计的组合形态结构。

书籍设计的组合形态结构，也要从书籍本身特点和读者阅读过程出发，确定能承载并传递信息的基本符号，再对其进行解构与重构。从基本符号表现入手，可以通过常规书籍形态结构的特殊装订工艺或版式创意等构成新的组合形态结构（图4-47)。从书籍本身特点出发，可以将书籍内容层次的内部逻辑关系转化，表现为书籍形态结构的外部视觉层次（图4-48)。从读者阅读过程着眼，则可以考虑读者在阅读过程中的观看、翻阅、思考等整个时空体验，将这种体验转化为任何与之想联系的物件以构成全新的书籍形态结构，使之随着读者阅读体验而呈现不同的面貌（图4-49）。

由此，书籍形态结构创新所带来的不仅是新奇的形式感，还是书籍内容特色的时空诠释，更是书籍整体设计的重要部分，能给读者带来全新的阅读体验与独特的审美感受。

图4.48　组合形态结构创意书

图4.49　组合形态结构创意书

第三节　书籍设计的版面编排

书籍设计的形态结构决定了书籍的开启方式，而书籍设计的版面编排则决定了读者的整个阅读过程，关系到读者最终的阅读感受。富有创意特色的版面编排能给阅读带来新鲜感与趣味性。

一、书籍设计的排版方法

版式设计课程涉及许多版面编排方面的方法与技巧，许多也能沿用到书籍设计中来。但书籍设计的版面编排也有其独特性，既要符合书籍整体设计要求，又要顾及读者阅读节奏。

书籍设计的版面编排要从书籍整体策划开始。根据市场定位及预算成本，从书籍本身内容及信息结构出发，先确定书籍外部形态结构。有了书籍形态结构设计，才能确定书籍开本尺寸及规格，确定书籍版面的具体尺寸，并预估整本书的页数。之后，确定书籍各版面信息内容的安排，例如：封面、环衬、扉页、序言、正文、结语等各部分需要放置哪些图文信息内容。尤其如扉页和正文部分，可能不同定位的书籍在这两部分会有许多更细的信息层次，如正文中可能包括章节页、引文、注文、插图、图表等内容。由此，完成书籍设计版面编排的第一步，从书籍信息编辑到书籍设计的版面信息层次。

第二步，从书籍设计的版面信息层次到读者的阅读节奏。安排好书籍各版面信息内容后，也就基本确定了读者阅读整本书籍时先读什么后读什么，即确定了整体阅读顺序。接下来，要结合书籍本身的重点内容和读者的兴趣调动两方面，从阅读的先后顺序中确定阅读重点，进而建立书籍整体阅读层次。哪些版面信息内容更为重要，就让读者对哪些版面更有积极性和耐心。为了确保读者对这些版面足够的积极性与耐心，就需要给读者放松的时间和空间。由此，构成读者阅读状态的张弛有度，即读者的阅读节奏（图4–50）。

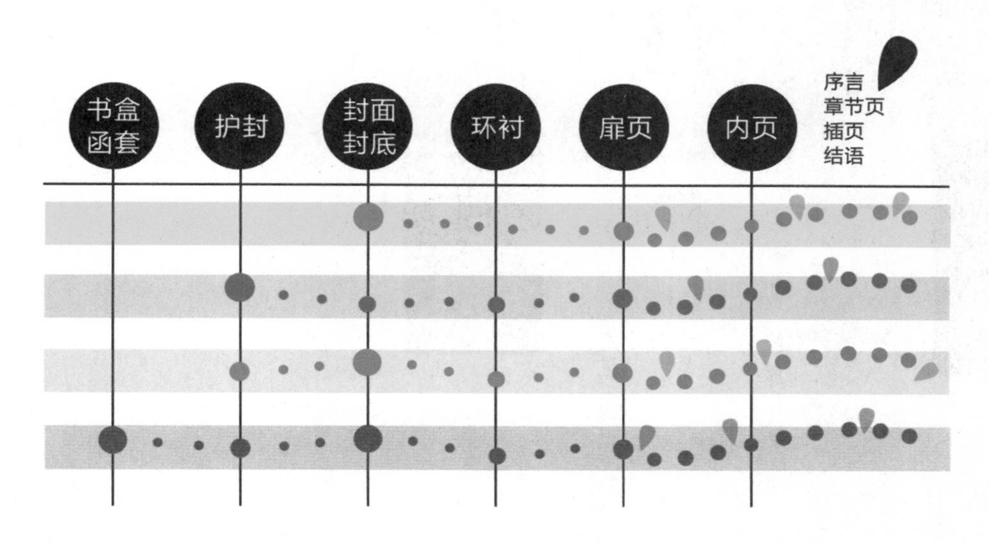

图4–50　读者的阅读节奏示意图

第三步，从读者的阅读节奏，到书籍设计的版面编排创意表现。确定了读者的阅读节奏后，就可以考虑在版面编排各视觉元素中营造出节奏感，从感官上配合并激发读者的阅读节奏。版面编排可以通过版心与周空设置、分栏及网格应用、色彩的对比与调和、图片的形式与风格、文字的字体字号等视觉元素在各版面间建立重复、渐变、对比、跳跃等节奏感，在书籍整体设计中构建一条可被读者直观感受到的版面编排线索（图4–51至图4–54）。在这一步中，书籍设计能在突出整体性的基础上实现版面特色，带来书籍版面编排的无限创意。

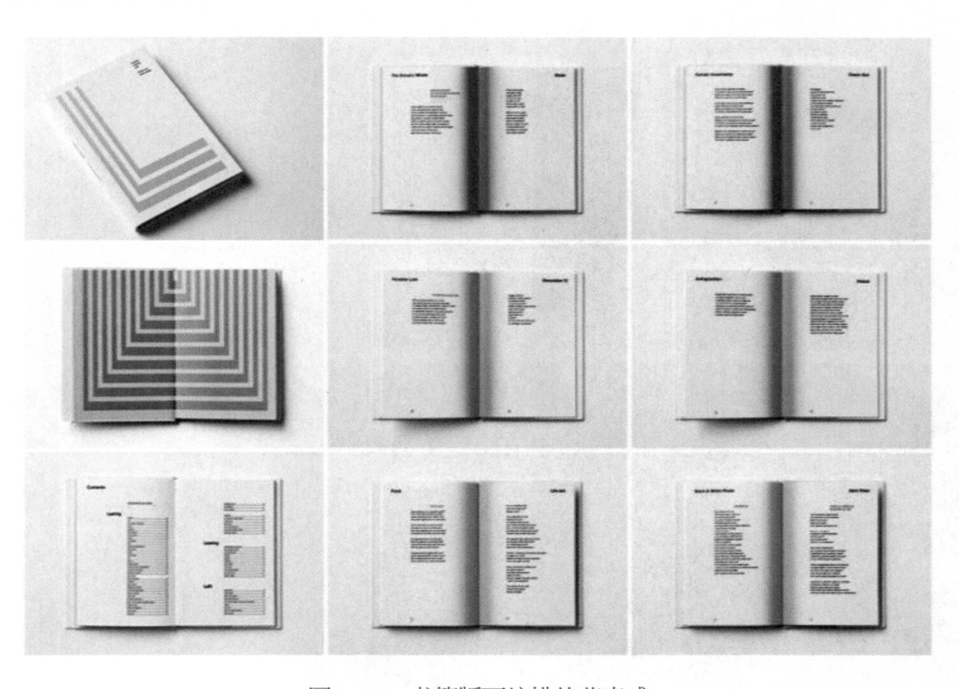

图4–51　书籍版面编排的节奏感

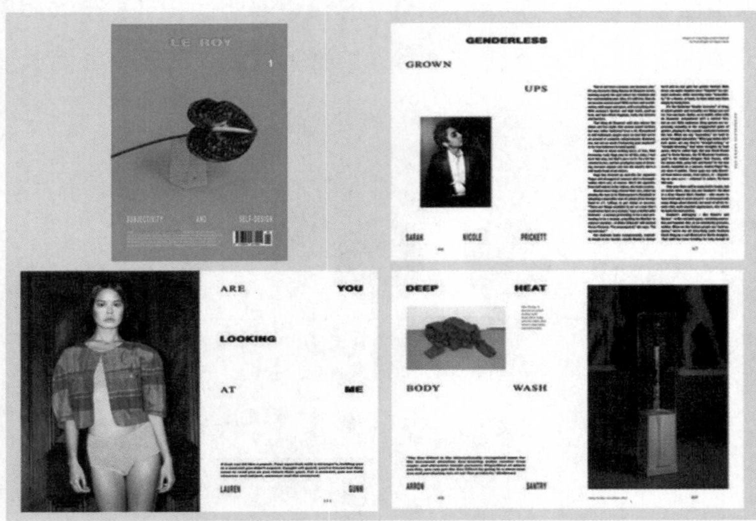

图4–52　书籍版面编排的节奏感

图4–53　书籍版面编排的节奏感

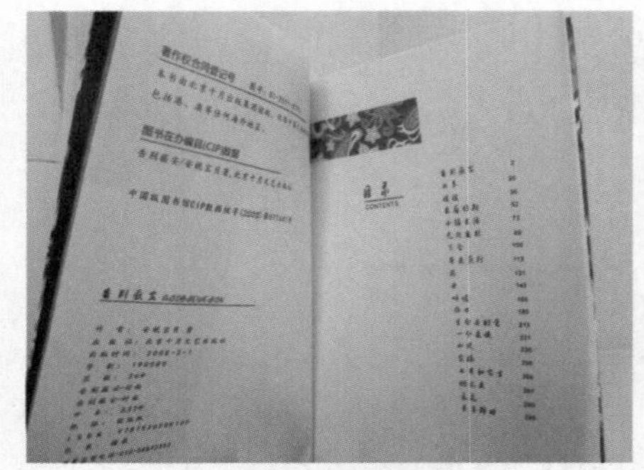

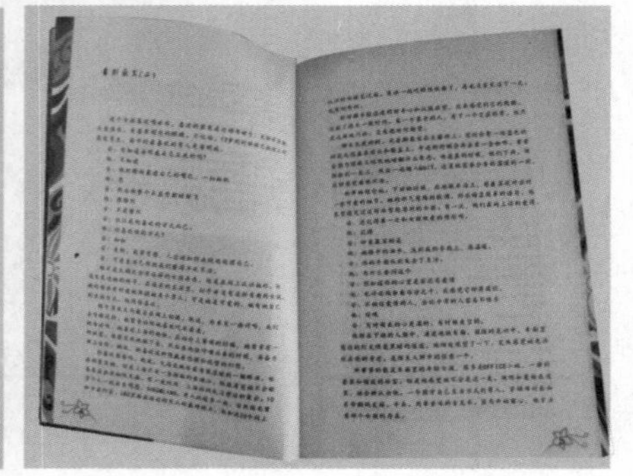

图4–54　书籍版面编排的节奏感
（学生作品）

最后，将书籍版面编排的整体创意落实到各版面信息层次及编排布局中，完成各页面版式设计（图4-55）。

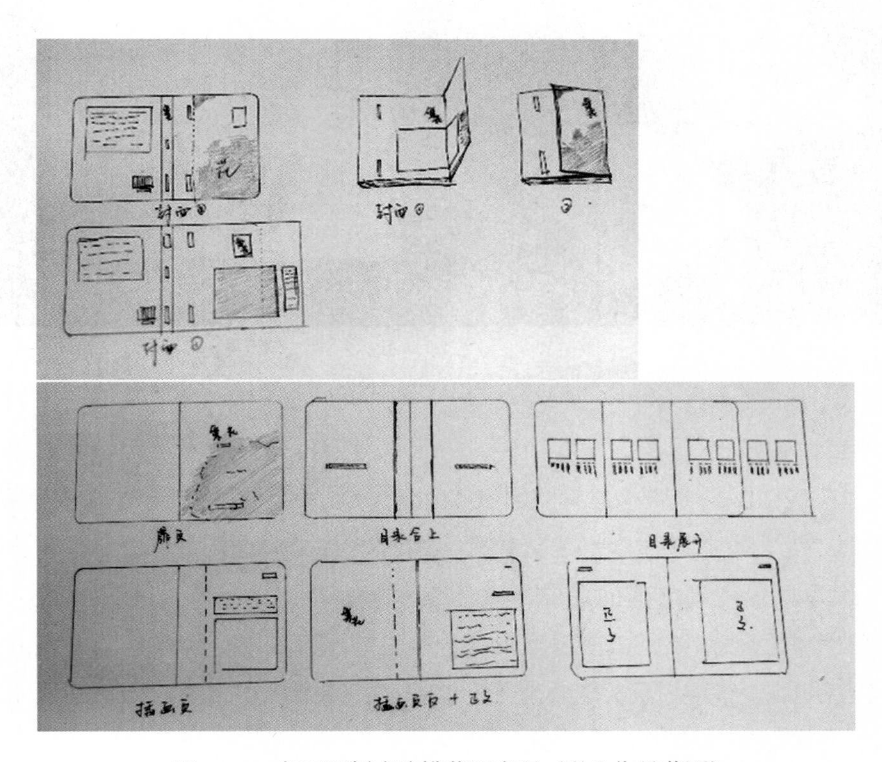

图4-55　各页面版式编排草图表现（学生作品草图）

以上四步是书籍设计的一般排版方法。利用这四步法开展书籍设计版面编排，能有效避免书籍版面编排创意时因局部而扰乱整体、只求单个版面视觉效果而忽略各版面间层次关系、只考虑信息层次而忽视阅读节奏等诸多问题，为书籍版面编排的整体创意表现扫清障碍。

二、书籍版面的网格创意

书籍版面编排可以从其中的各项视觉要素中寻求创意表现途径，其中涉及整体效果的常用方法即网格系统的应用。

在书籍版面编排中套用常规网格，能帮助设计师快速进行书籍内页版面编排，并建立起良好的整体视觉效果。常规网格一般是以垂直和水平线为基准，对整个版面进行等距划分，由此形成的版面的网格系统。网格尺寸一般根据开本尺寸及比例来设置。如果书籍内容信息量大，或大众读者定位，或实用功能定位等，均可选用常规网格进行编排，使整体视觉效果理性秩序（图4-56、图4-57）。

图4-56　常规网格应用

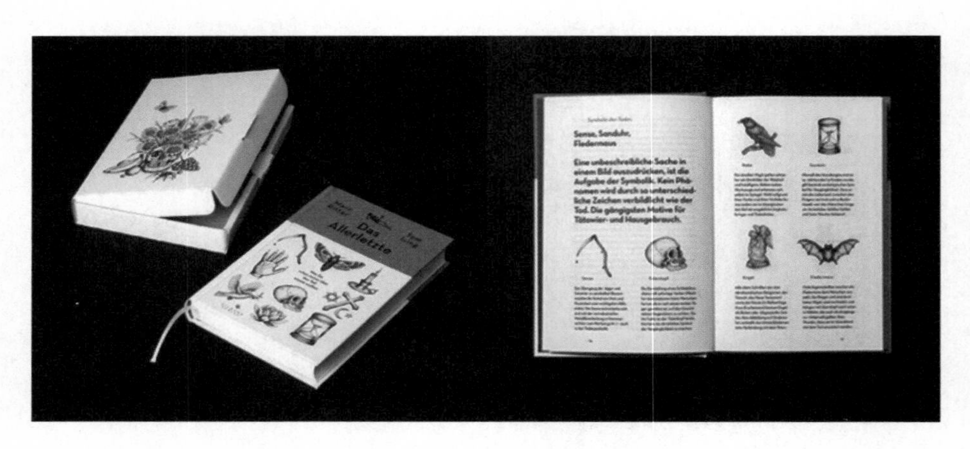

图4-57　常规网格应用（选自2014年度D & AD创意奖书籍设计类获奖作品）

而对于书籍内容信息量一般且图文资料丰富或特殊读者定位或休闲娱乐定位等，则可以展开网格系统的创意应用，通过打破常规网格或构建另类网格等手法，给书籍版面编排带来更多有趣创意。

打破常规网格的手法，可以通过个别图文要素不按网格线编排的方式来进行，这样的版面能在整体秩序感中带来灵动活泼，形成动与静的对比，具体操作起来也比较简单。还可以通过打散、倾斜、割裂、扭曲等手法打破常规网格系统，以获得更具视觉刺激的版面效果。打破常规网格的种种创意手法都基于常规网格，打破常规的程度也可以根据需要合理把控，因此应用较为广泛，既适用于以文为主的版面，也适用于图文结合或以图为主的版面（图4-58至图4-60）。

图4-58　打破常规网格应用

图4-59　打破常规网格应用

图4-60　打破常规网格应用
（选自2014年威尼斯建筑双年展
新西兰展馆宣传册设计）

构建另类网格的手法则非常多样，可以根据几何图形、文字或具象图形，也可以利用随机折痕来确定，还可以根据书籍特殊形态结构及开启方式分割版面，等等。将另类网格应用于书籍版面编排中，也可以给读者带来新鲜的视觉感受，形成独特创意。但也要注意，另类网格颠覆了读者熟悉的阅读习惯，对段落文本的阅读会带来诸多不便，因此一般用于以图片信息为主的版面，或用于艺术类书籍内页版面编排（图4-61、图4-62）。

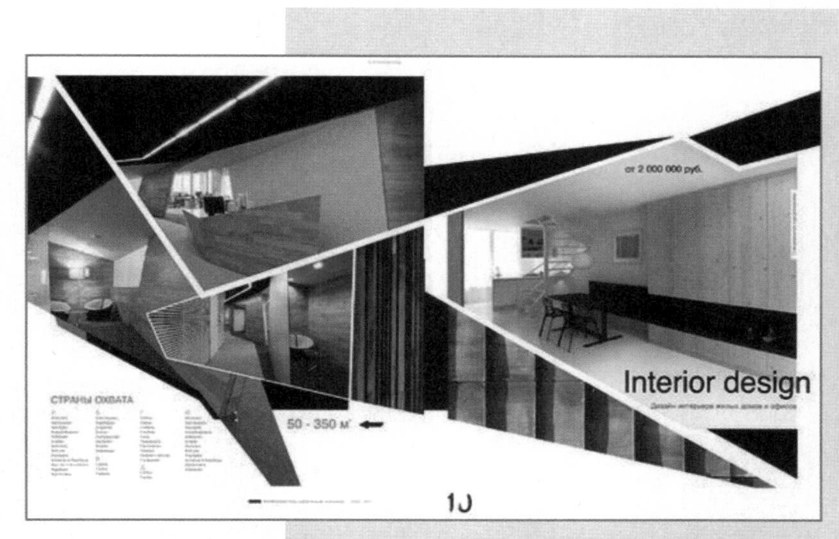

图4-61　另类网格应用

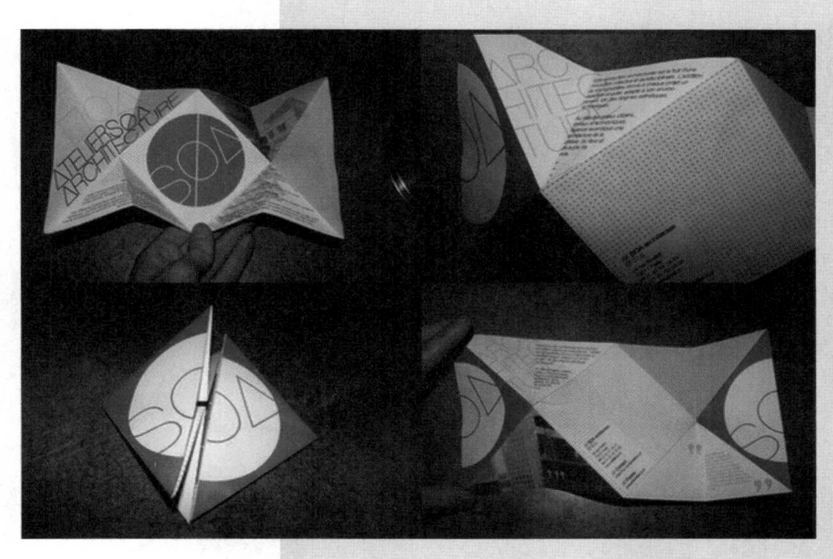

图4-62　另类网格应用

三、书籍版面的细节创意

除了网格系统的创意应用外，书籍版面还可以从标题文字、图片形式、页边装饰、书籍标志符号等细节着手。在书籍整体设计创意的指引下，统一版面各要素的细节处理，将细节带来的小创意亮点，汇聚成整体的大创意趣味。

例如，书籍版面编排中对书名字体和章节标题字体的统一设计创意，能为书籍设计带来统一的形式感（图4-63、图4-64）；书籍版面编排中对图片色调、形状、边缘、肌理等方面的细节处理，也能构成书籍各版面的节奏韵律感（图4-65、图4-66）。又如，书籍版面编排中在页边的统一装饰，配合页码和页眉等细节的统一，能调动起易被忽视的版面周空，共同烘托整体氛围（图4-67、图4-68）。再如，有些书籍根据核心内容与审美趣味会为正本书籍设计一个标志性符号，并将此标志性符号的基本形式感应用于书籍版面的各细节处，或应用于书籍各主要页面的版面布局及空间分割中，给整本书籍设计带来创意独特并富象征意味的形式感（图4-69）。

图4-63　书籍的字体设计创意

图4-64　书籍的字体设计创意

图4-65　书籍的图片处理创意

图4-66　书籍的图片处理创意

图4-67　书籍的页码及页眉设计创意

图4-68　书籍的页边装饰创意

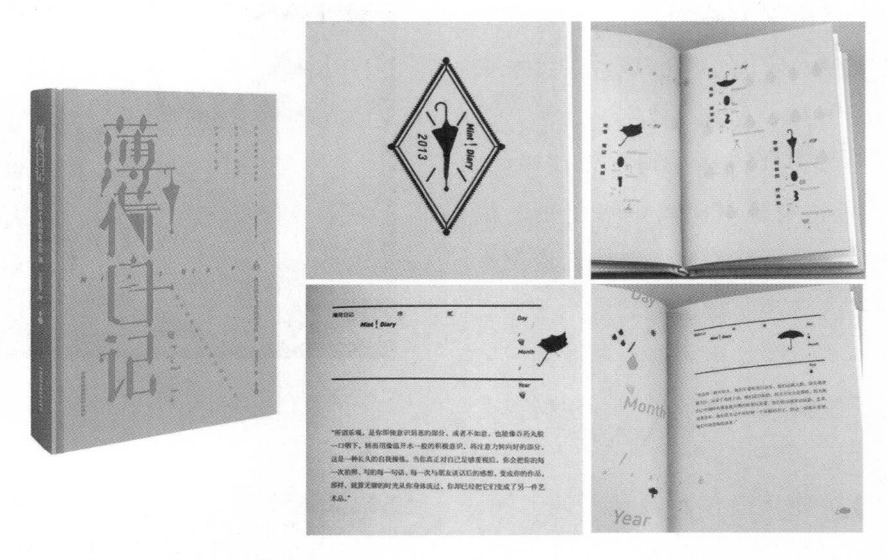

图4-69　书籍的标志性符号与整体创意（《薄荷日记》，中国民族摄影艺术出版社）

第四节　书籍设计的材料工艺

书籍的创意与表现离不开材料与印刷工艺的选择。合理的材料与印刷工艺，不仅可以很好地体现书籍的视觉效果，更能增加阅读的综合感受，从而提升书籍整体的创意表现。

一、材料的创意表现

如今，书籍设计的材料中应用最为广泛的就是各种纸质材料。除了常规的铜版纸、胶版纸、道林纸等纸材之外，为了获得更为丰富的阅读体验，书籍设计还会选择更为丰富多样的各类特种纸。所谓特种纸，在某种程度上也可以说是专用纸，如宣纸、铝箔纸、全息纸（镭射纸）、电化铝纸等。这类纸张或有丰富的色彩，或有独特的肌理，或有特殊的透明度、硬度、光泽度等，其本身就能给人视觉与触觉方面的新体验。而大多数特种纸应用时，还结合了特种印刷工艺，更能凸显其优势，为书籍整体设计带来新鲜创意（图4-70、图4-71）。

图4-70　特种纸材应用创意（《与木刻结缘50年》，合和工作室设计）

但纸质材料的运用并非书籍设计材料创意的唯一选择。从古至今，应用于书籍设计的传统材料其实非常多样，甲骨、金石、竹木、缣帛、皮革、金属等，不胜枚举。许多材料可以被模仿，但在读者的长期阅读中却难掩其细腻差别。因此，书籍设计还是会根据其整体要求综合应用其他各类材料。除了这些传统材料依然应用于书籍设计之外，目前还有一些常用的新材料应用于书籍设计，如各种纤维材料、复合材料、塑料或有机材料。

在书籍设计中的常用纤维材料包括绵、绢、丝绒、麻等，特点是表面纹理丰富、朴实自然。其中，棉布和绢比较适合做传统书籍的封套匣、封面，艺术性较强的书籍则可以选用粗亚麻布做封面（图4–72）。

应用于书籍设计的复合材料，一般是些仿自然纹理的人工合成材料，如仿皮革、仿自然纹理、仿木料等。这种材料有韧性，可塑性强，表面纹理逼真，手感好，常用来做精装书籍的封面，强调古朴的特点（图4–73、图4–74）。

图4–71　特种纸材应用创意
（Ulrike Stoltz设计）

图4–72　纤维材料应用创意
（《中国遵化珍藏册》，河北省遵化市人民政府）

图4–73　仿木复合材料应用创意
（《戏出年画》，北京大学出版社）

图4–74　仿木与仿皮革等复合材料应用创意（学生作品）

近年来，不少精装书籍的封套和书盒也会选用塑料或有机玻璃等材料，其上的文字一般采用电化铝的方式做成金色或银色。如今，印刷工艺进一步发展，这类材料的运用也不局限在书籍的封套和书盒，运用形式变得更加丰富多样（图4–75、图4–76）。

图4–75　塑料或有机玻璃材料应用创意

图4–76　塑料或有机材料应用创意
（《1Q84》，John Gall设计）

二、工艺的综合应用

书籍设计的装订、印刷及加工工艺繁多，具体应用时需要根据书籍整体设计来综合选用。因此，书籍设计的工艺需要配合书籍设计其他内容综合应用，才能实现整体创意表现。

在书籍形态结构设计时，如果需要异型开本或特殊形态结构，就要相应的书籍工艺来实现。例如，有的书籍要设置异型开本，就需要相应的压切工艺来实现（图4–77）；有的书籍需要在切口面印刷，也需要相应的切口装饰工艺进行印刷（图4–78）。

图4–77　压切工艺应用创意

图4-78　切口装饰工艺应用创意（《梅兰芳全传》，吕敬人设计）

在书籍版式设计时，为了增强信息层次或提升视觉效果，也会应用书籍设计工艺来实现。例如，用色彩印刷实现版面设计的细节，实现诸如页面装饰效果或色彩叠印效果，让版面设计更具整体性及层次感（图4-79、图4-80）。又如，在书籍封面版式设计中，常用UV印来增加局部光泽度、用烫金银来表现局部金属效果、用凹凸压印来体现局部的半立体效果、用压切来实现镂空等，都能起到强调的作用，增加层次感，并带给书籍设计独特的审美细节（图4-81）。

图4-79　页面装饰及印刷工艺应用创意

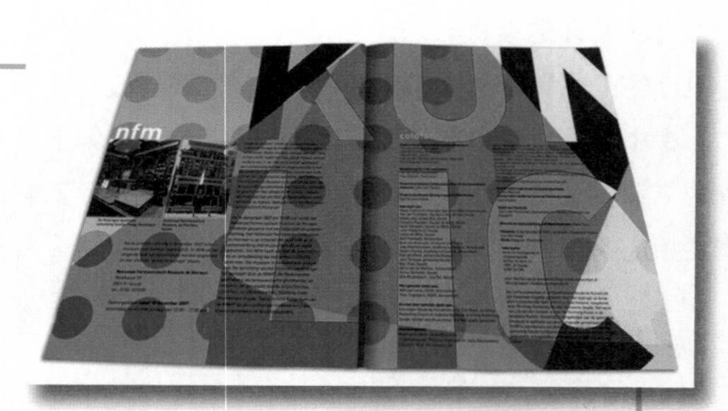

图4-80　叠印工艺应用创意

图4-81　UV印与页面装饰印刷工艺综合应用创意

三、材料工艺的创意表现

书籍设计材料和工艺的创意表现，需要以书籍内容和读者需求为导向。对书籍印刷工艺、材料的选择要针对不同种类、不同内容的书结合不同层次读者的需求特点。

面向有书籍收藏鉴赏需求的读者，需要充分体现书籍艺术的整体美感，呈现高档次的要求，可以综合应用选烫金银、凹凸压印、压切等工艺，并采用与之相适应的富有弹性的装帧材料。例如，根据主题明确的书籍内容展开整体设计，确定精装书定位后，利用特殊材料的色泽肌理，结合凹凸压印，突出大气稳重而耐人寻味的美感（图4–82）。又如，为了突出中国传统文化及审美特征而展开的书籍整体设计，可以利用泛黄的牛皮纸，配合古代线装工艺，再结合压切工艺制作出类似中国古典窗格的镂空纹样，新颖而古朴，体现古色古香的中国传统文化之美（图4–83）。

图4–82　收藏级精装书的材料工艺创意表现（《砖魂》，邵隆图主编）

图4–83　收藏级线装书的材料工艺创意表现

而面向儿童的书籍对材料和工艺的选用则要考虑适应儿童的需要，既耐磨耐污，又能还原鲜艳的色彩。例如，芝麻街晚安布书采用环保印刷的布面材料，适合六个月至三岁的婴幼儿在睡前活动时玩耍的游戏书，除了纤维布面材料外，还应用响纸、镜面纸材及其他贴纸等多种特殊材料，营造有趣的阅读体验（图4–84）。又如，幼儿洗澡书选用EVA材质，在两层EVA中加入海绵，在幼儿洗澡的时候玩耍阅读使用，既不会被水打湿，又可以漂浮在水面上（图4–85）。

图4–84　儿童书籍的材料工艺创意表现（SOFT PLAY品牌的芝麻街晚安立体布书）

在选择材料与加工工艺时除了要根据整体设计方案的特点外，还要充分考虑加工工艺与材料的匹配。例如，特种纸张的肌理触觉效果不同于一般纸张，纹理粗的特种纸不宜用于网点细密的图像，容易导致图像失真；同样，织物材料纹理较粗，加工效果精细度不高，因此也易导致图像失真。如果选用这类材料进行书籍设计，一般适用于较为简约的表现风格，也可配合凹凸压印或烫印工艺等体现其层次感（图4-86、图4.87）。

只有熟悉现代各种书籍材料与加工工艺的性能、规格与属性，有针对性地选择材料和工艺，不仅能充分发挥物质材料和工艺技术的潜力，还能由此实现书籍整体设计丰富而细腻的美感。例如，利用压切工艺进行部分镂空，让两种纸材的白色互相映衬，凸显出细腻的层次感，带来雅致静谧之美（图4-88）。

图4-85　儿童书籍的材料工艺创意表现（Ravensburger Ministeps小老虎洗澡书）

图4-86　特种纸与凹凸压印工艺的匹配效果

图4-87　纤维织物材料与简约风格的匹配效果

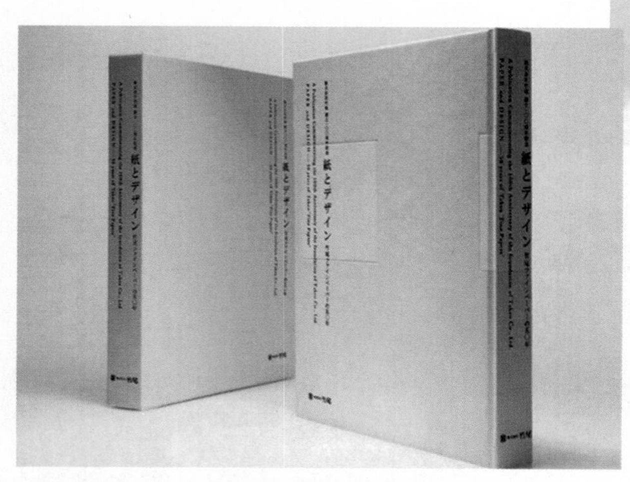

图4-88　材料工艺结合的书籍之美（原研哉设计）

章后练习

结合上一章的书籍设计B整体构思，完成书籍设计的创意表现。包括以下内容：

1. 确定书籍设计的信息视觉化形式语言与独特风格，收集相应可借鉴的素材与范本。

2. 完成书籍设计形态结构草图和版式设计草图。

3. 去纸材油墨市场与打印店等地，了解完成样书成品所需的材料和工艺，确定书籍设计材料工艺，确保其能 实现草图方案。

4. 根据草图，完成书籍设计电子档。

5 第五章　书籍设计的阅读体验

◆ **章前导读**

书籍设计只有在读者阅读过程中，才能实现其完整价值，检验设计的优劣之处。本章主要从读者阅读体验角度，简介书籍设计与读者阅读之间的关系，从读者的阅读需求、阅读方式、阅读环境与阅读感受四方面去关注读者的阅读过程，给书籍设计带来更多灵感与反思。通过本章的学习，完善对书籍设计的认识，明确书籍设计与读者的关系，了解读者形成阅读体验的各方面因素。

第一节　书籍设计与阅读需求

要把握读者的阅读体验，首先要了解读者为什么阅读某本书，即了解读者的阅读需求。根据读者常见的阅读需求，可分为实用需求、娱乐需求、交流需求和审美需求四类。

读者的实用需求，主要是指为获得知识与信息而进行阅读。有实用需求的读者，阅读目的明确，对书籍信息内容的期待清晰，因此，对书籍设计在实用性、功能性方面的要求也相对较高。在信息庞杂且信息获取方式多样化的今天要满足读者实用需求，要将其实用需求进一步细化，将读者期待描述得更具体，才能指导书籍设计的方向。例如，书籍设计能否清晰呈现书籍内容的逻辑结构和信息层次，让众多实用信息易读易懂易记，便于核心信息的查找和检索（图5-1）。既然读者有明确的实用需求，那么只要满足这一需求，书籍设计无论何种形态都可以积极尝试，也为书籍设计师提供了更广阔的设计空间(图5-2)。

除此外，读者阅读有时只是为了打发闲暇时光，即满足娱乐需求。这种阅读需求没有那么迫切和具体的期待，显得柔和而缓慢。当今社会的娱乐方式很多，但选择阅读的方式来满足娱乐需求，或许是为了阅读时独特的休闲状态。比如，放下手边琐事、远离身旁喧嚣才能开始的阅读，或无特殊目的慢慢打发时光的生活方式，这些都构成了阅读这种独特的娱乐。基于读者休闲娱乐的需求，书籍设计可以思考

图5-1　便于信息识别及检索的书籍设计

图5-2　基于实用需求的书籍设计
（《毕业就该懂的事》，译林出版社）

和感受以下问题，如：方便信息查找的目录和页码是否必要（图5-3），材料与工艺等细节是否与之相称，版面编排疏朗清晰的同时是否还要更加放缓阅读节奏，视觉符号的提炼与表达是否有趣（图5-4），等等。这些细节呈现在书籍设计中，与读者共同构筑休闲娱乐的阅读时光。

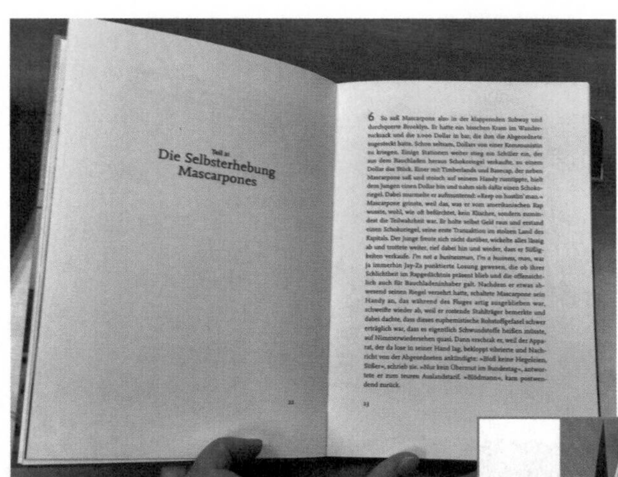

图5-3　基于休闲娱乐需求的书籍设计
（《Magische Rosinen》，设计师Timo Reger）

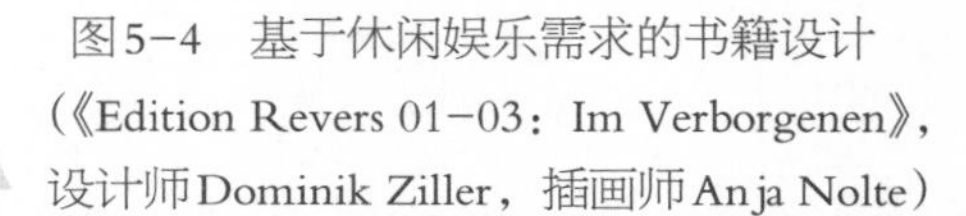

图5-4　基于休闲娱乐需求的书籍设计
（《Edition Revers 01-03：Im Verborgenen》，设计师Dominik Ziller，插画师Anja Nolte）

读者的审美需求，主要是指通过阅读陶冶情操、获得独特审美体验的需求。爱美之心，人皆有之。“世界最美书籍”评选中，往往将形式与内容统一、材质工艺突出、创意独特并能体现文化传承特点的书籍作为最美书籍的评价标准，强调书籍设计的整体性和独特美感（图5–5）。书籍设计之美若要让目标读者准确把握和感知，就必须关注目标读者的审美需求。因此，书籍设计师在塑造书籍之美时，也要考虑其目标读者群的阅读状态和审美喜好，实现书籍内容之美、书籍设计之美与读者审美需求的整体统一。

图5–5　2016年世界最美书籍金奖（《订单·方圆故事》，设计师李瑾）

阅读，有时是一个人的选择，有时则是一种生活方式或象征符号。除以上阅读需求外，也有读者希望借助阅读完善个人社会形象并建立共同话题，实现其交流需求。关注读者的交流需求，书籍设计及其后期宣传可以有一些新思路。例如，腰封上常见的名家推荐、畅销书排行榜、所获奖项等，或许也是使读者捧起一本书阅读的原因（图5–6）。又如，作为礼物互相赠送的精美书籍，其初衷是收藏或赠礼，但或许也有被反复阅读的时刻（图5–7）。无论读者因何阅读，书籍和书籍设计都可以在阅读中共同塑造和改变每个读者。

图5–6　畅销书的腰封设计
（《岛上书店》，江苏文艺出版社）

图5–7　收藏定位的书籍设计
（《西清古鉴疏》，北京工艺美术出版社）

第二节　书籍设计与阅读方式

不同的阅读需求带来不同的阅读方式，不同的阅读方式影响读者最终的阅读体验。

对于同一本书籍的阅读，常规可以分为泛读和精读两种。阅读时，快速浏览全书，把握大致内容及结构，而非逐字逐句理解与体会，即“泛读”；反之，逐字逐句阅读和理解书籍内容，反复琢磨，体验审美趣味，即“精读”。对于书籍设计而言，如果要便于读者泛读，就需要突出书籍内容信息层次，梳理出重点加以突出强调；如果要适应读者精读，则需要考虑长时间阅读时对内页版面编排的易读性可读性要求，同时考虑经常翻阅时对书籍设计材料及工艺的要求等。

除此外，信息时代还衍生了其他阅读方式，如查找式阅读、互动式阅读和沉浸式阅读等。

在泛读中，以重点信息查找而展开快速阅读的方式，即查找式阅读，一般基于读者实用性阅读需求。信息时代，这类阅读方式正被日益完善的各类搜索引擎和超链接所介入。若有兴趣关注电子书设计，可以首先从查找式阅读入手，思考如何通过设计提高查找效率和准确度等，将信息编辑的思路和方法代入电子书设计（图5-8）。若是以针对纸质媒介为主的传统书籍设计，面对查找式阅读时，则要充分关注其信息检索系统的整体设计，例如书籍的目录设计、索引设计、页码及相关符号设计等构成的信息检索系统，要求设计简洁准确，指示性明确（图5-9）。

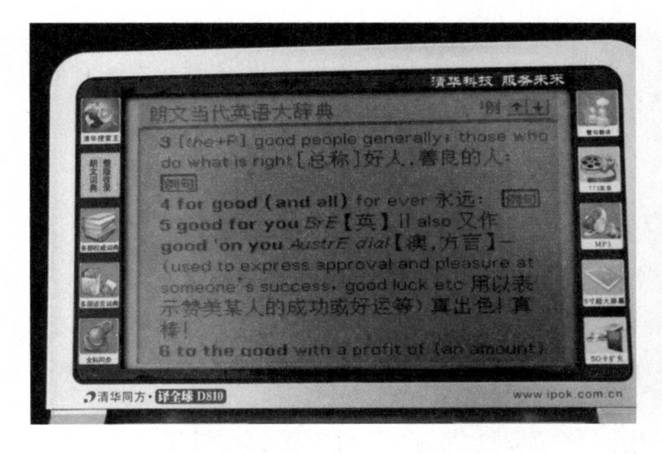

图5-8　便于查找式阅读的电子书籍设计

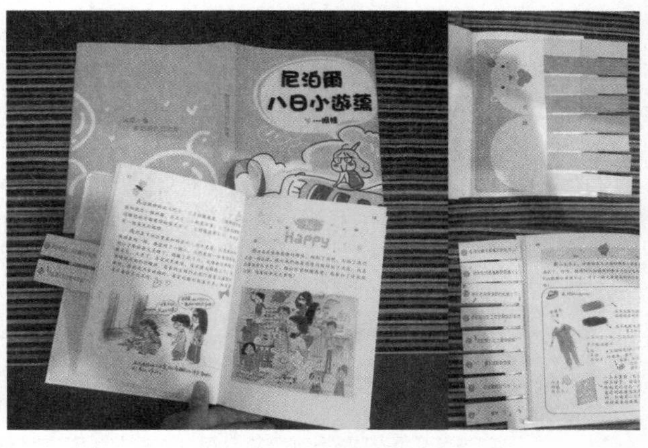

图5-9　便于查找式阅读的纸质书籍设计（学生作品）

在精读中，如果采取互动交流的方式来进行阅读，则可称得上“互动式阅读”，基于娱乐与交流需求。信息时代强调互动交流，“互动式阅读”这样的说法也是这个时代的“新”名词。但就其本质而言，互动式阅读早已有之，读者在传统纸质书籍内页空白处的批注，便是一种读者与作者、与自己的互动交流（图5-10）。而今，传统纸质书籍设计要关注互动式阅读，可以在信息编辑环节着手，重新考虑书籍内外结构及版式设计（图5-11）。信息时代的新技术也为互动式阅读带来更多可能。多媒体影音、3D模型、AR技术、VR设备等应用于书籍设计，让读者能与书籍载体本身进行互动交流（图5-12）。数字网络技术与视听通讯，也为读者与作者、读者与读者的交流跨越时空（图5-13）。

图5-10　基于传统互动式阅读的书籍设计
（《S.忒修斯之船》，简体中文典藏复刻版，中信出版社）

图5-11　针对互动式阅读的纸质书籍设计
（《Harry Potter》, Insight Editions, Div of Palace Publishing Group, Lp）

图5-12　针对互动式阅读的AR书籍设计

图5-13　针对互动式阅读的阅读界面设计

信息时代之前，读者总能在精读的某个阶段体会到一种忘我的全情投入，这是一种自然而然的阅读状态。但信息时代之后，信息内容庞杂、选择众多，读者经常被其他信息干扰或打断思绪，阅读也趋向于简短浅显。因此，这种自然而然的阅读状态，如今也被部分人当做需要指出的一种阅读方式，即“沉浸式阅读”。针对沉浸式阅读，一方面，书籍设计被要求如游戏一般具有足够吸引力，承载更丰富的信息量，应用更多新技术，不断加强视听刺激和互动体验。另一方面，书籍设计回归日常生活般质朴平和，为读者过滤干扰阅读的繁杂信息，关注细节质感与整体特色，实现静谧纯粹体验（图5-14）。无论去往哪个方向，都要求书籍设计能感染读者，使之沉浸于阅读的妙境。

图5-14　质朴平和的纸质书籍设计
（《Meine Reise Nach Rom》，Stephanie Und Ralf De Jong设计）

第三节　书籍设计与阅读环境

书籍设计的阅读体验有时还会与读者的阅读环境相关。关注读者阅读环境，可以为书籍设计带来更多创新灵感。

在快节奏的生活中，读者的阅读时间零碎，阅读地点难以预估。但这并不意味着读者只能进行零碎片段式的阅读，相反，这正是书籍设计师能为之努力的方向。试想，如果一个读者可能要利用上下班挤地铁这样零碎的时间进行阅读，书籍设计师就可以从这样的阅读环境入手去考虑身处其中的读者如何阅读（图5–15）。例如：使书籍便于携带和翻阅，使阅读即使中断也能继续，或使任何书籍内容都有适应短时间阅读的可能。身处“快生活”中的读者，也需要适应他们阅读环境的书籍设计，而这类书籍设计显然还远远不够。

相对而言，书籍设计师更愿意为读者设想一个“慢生活”下的阅读环境，一个与午后阳光、轻音乐及茶香相配的阅读环境。当读者特意营造了这样的阅读环境时，手中的书籍是否能给读者相应的期待呢？对于传统纸质书籍而言，要把握其形态、结构、材料、工艺、版式等各个细节之间的联系，注意书籍内外协调统一，让读者能在阅读中慢慢体会，细细摩挲（图5–16）。对于电子书籍设计而言，则需要把握其信息层次与呈现形式的关系，强调与读者的互动沟通，让读者体会到阅读电子书籍时丰富的信息量与全方面的感官体验。

图5–16　在舒适环境中阅读的读者

图5–15　在嘈杂环境中阅读的读者

第四节　书籍设计与阅读感受

书籍设计可以从五感调动、逻辑构建与情感互动等几方面带给读者不同的阅读感受，伴随读者成长。

读者在捧起一本书时，同时也接触到书籍的载体和形式，从其色彩、图形、字体、材料、工艺的整体获得视觉和触觉体验，产生或活泼或沉静或严谨或轻快的印象（图5-17）。阅读时，除了以上视觉和触觉感受外，还能给读者带来有趣的听觉感受。例如：纸质书籍中不同纸材在翻阅时，有的发出沉厚的“沙沙”声，有的则是清脆的“嚓嚓”声，给人宁静与熟悉的亲切感；而电子书有的会模拟翻页的形和音，有的还会穿插对话、影音、拟声等，带来更丰富的视听体验（图5-18、图5-19）。有些概念书在设计时也会尽力调动读者的五感，给读者带来有趣的体验（图5-20）。在书籍设计中充分调动读者五感，将其协调统一，能带给读者全方位的体验，加深阅读印象，激发联想和想象，让书籍中的信息转化为读者经验的一部分。

图5-17　具视觉和触觉体验的书籍设计

图5-19　具丰富视听体验的电子书籍设计

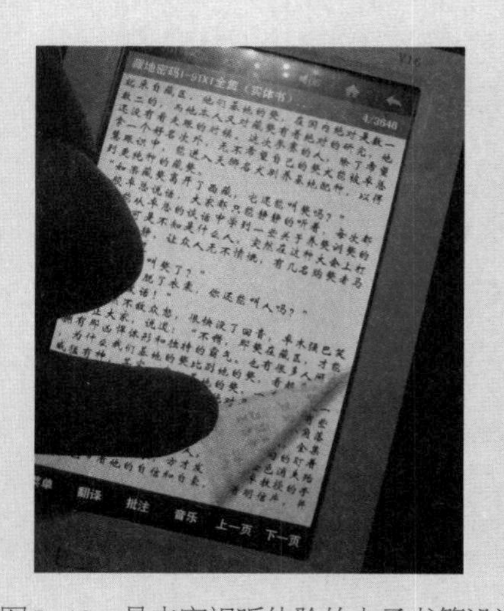

图5-18　具丰富视听体验的电子书籍设计

图5-20　调动感官的概念书籍设计

读者在阅读书籍的同时，也在培养逻辑思维能力，边阅读边构建书籍所呈现的逻辑世界。如果要建立起作者和读者的联系，使读者更清晰地体会到作者所要表达的内容，书籍设计师就要将作者所呈现的逻辑关系，再编辑并转化为读者能理解并感知的种种符号。例如，借用插图或图表等信息视觉化的方式就是一种将书中逻辑视觉化的方式，让读者阅读更为清晰而有趣（图5-21）。

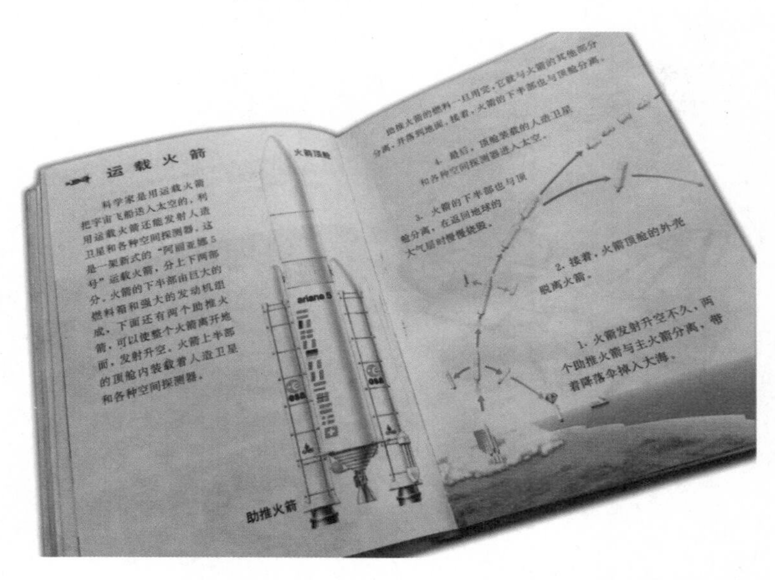

图5-21　书籍信息内容的视觉化表现（《天空与地球》，少年儿童出版社）

读者阅读书籍时，是与书籍、与作者、与自己的交流，也是在寻求一种情感互动。书籍设计可以使“沉默”的阅读，变成“亲切”的交流，由此带给读者情感互动体验。例如，针对儿童的书籍设计，设置角色扮演、互动视频、亲子游戏等环节，鼓励朗读、表演与交流，让阅读不再“沉默”，而是“游戏”，是情感的互动与交流（图5-22）。因此，书籍设计也要关注读者的情感互动体验，无论采用怎样的媒介怎样的形式，都要关注读者感受。

图5-22　书籍设计的情感互动

章后练习

结合上两章的书籍设计B整体构思与电子档，完成书籍设计的后期调整与样书制作。包括以下内容：

1. 将书籍设计电子档导出成PDF格式预览，并在全班或更广的范围内进行展示，通过调研、访谈或讨论等方法收集试读者的阅读反馈。

2. 结合读者阅读反馈，调整书籍设计电子档，定稿。

3. 结合书籍设计电子档及确定的材料工艺，完成书籍设计成品打印制作。

4. 完成书籍设计成品拍摄及展示。

第六章　书籍设计的专项应用

◆ **章前导读**

书籍设计教学与实际项目毕竟有一定区别，为了加强对书籍设计的理解，可针对教学目标和实训条件展开不同的专项应用。本章从书籍设计教学角度出发，列举了可供学生开展的若干专项应用，所选图例与分析也均为学生作品，供学生交流互勉。具体包括：强调系列性的系列书设计，强调立体形态结构的立体书设计，强调材料工艺探索的手工书设计，强调概念表达与表现的概念书设计，强调书籍设计整体性的传统纸质书籍设计等。通过本章的学习，提供教与学的习作案例，在专项应用实践中完善对书籍设计的理解。

第一节　系列书设计

系列书设计由多本书籍的整体设计构成，其系列性可以围绕同一主题类别、同一作者、同一时代背景、同一风格流派或同一功能目的等建立。系列书中的每本书籍除了具备某种共性外，还各具特色，有其独立性。

系列书设计，需要先明确系列书中各本书籍的关系，如平行关系、递进关系、因果关系等。看看各本书在阅读上有无先后次序，是否必须排列序号等。之后，再根据其系列性，突出整套系列书籍设计的共性特征，如相同的风格、开本、版式等。一般而言，系列书籍设计的书籍形态结构基本相同，封面设计的版式编排一致，插图风格一致，书名字体一致，由此突出其系列性。而在色彩和图形方面，各本书会根据其书籍内容而各具特色。如果系列书中的各本书籍之间存在阅读上的先后次序，那么设计时还需要考虑如何表达这种次序性，比如利用色彩渐变、版式的秩序与变化等方式表现。

学生在系列书设计时同样要注意其整体系列性表达，及其中每本书的独立性特征表现。例如，学生以《好吃佬》为主题完成的汉味美食系列书设计（图6-1）。以武汉美食为主题，分为具本土特色的“过早”、“下馆子”和“宵夜”三个类别，由此完成三本书籍构成的系列书设计。在设计中，利用相同的形态结构、材料工艺、版式设计和字体设计为主，突出系列性；根据每本书对应“美食时间”而设定不同的色彩，由此确定每本书不同的感情特色。

图6-1　系列书设计（学生作品）

第二节　立体书设计

立体书也被称为弹出式可动书，主要是在书籍内页的翻阅过程中，根据内容需要设置各种纸结构造型，让平面的图文内容立体化或可活动，给读者带来新奇有趣的阅读效果。立体书和一般的纸艺作品不一样的地方，主要在于其可读和可动的特点。立体书虽然会应用到纸艺中的一些手法和表现形式，但在翻阅的过程中，除了体会到新奇有趣的视觉效果与美轮美奂的审美体验外，读者还能从中把握完整的信息内容，并在阅读中体验到平面转立体或静态到动态的互动乐趣。这些都要配合纸艺、纸工程或其他综合材料等技术手段实现，但最终的立体书作品却不仅是纸艺之美，更是互动之乐。目前，立体书一般在儿童类书籍中应用较为多见，其制作成本较高。

立体书的设计，有的是根据书籍内容出发，通过信息编辑整理出适合介入立体造型及纸工程的信息元素，再展开设计制作。面对这类立体书设计，要注意其中哪些部分适合开展立体造型结构，如：表现开头大场景，表现人物出场，表现程度与变化，表现内部层次与结构等。这类描绘性的语句出现时，就可以考虑信息视觉化，而无论是插图还是图表等视觉化形式，均可以考虑立体形态的呈现方式。而有的立体书，则是先确定要某种立体造型或纸艺结构，再组织信息内容，完成整本书的信息编辑，展开设计制作。这类立体书设计，则要考虑从视觉化的形态结构入手，进行发散思维，由此组织信息内容与结构层次，一些幼儿立体书策划都是基于此来开展的。立体书的纸结构做法，一般包括各种折叠、切割、嵌入、粘贴等手法完成。

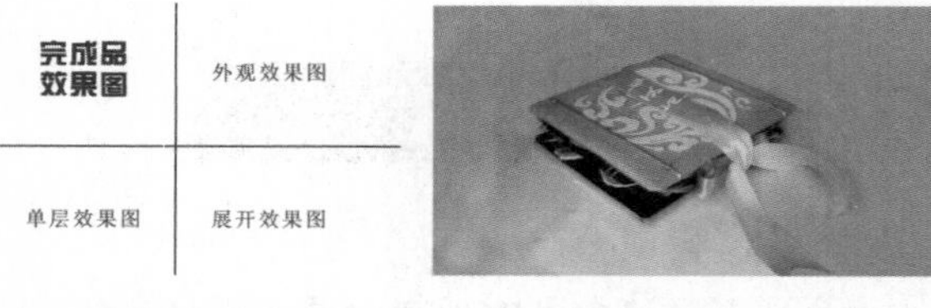

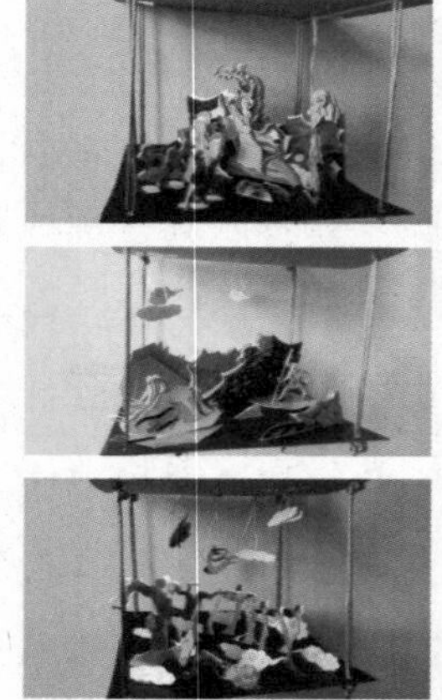

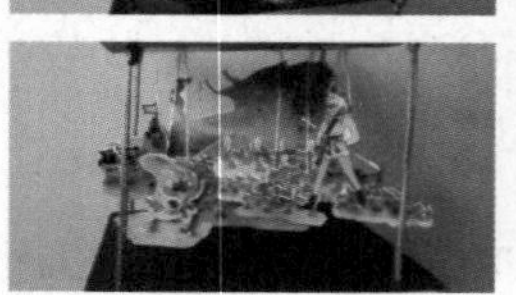

图6-2　立体书设计（学生作品）

例如，学生完成的《大闹天宫》立体书设计，在有限的课时中边学边做（图6-2）。先确立要完成一本针对儿童的立体书设计，而后选择场景表现丰富而又耳熟能详的传统作品《大闹天宫》作为设计主题。根据大闹天宫中的典型情节设置书籍基本形态结构，一改过去翻页结构，而将书籍呈现为悬挂式的一层层舞台，选取典型情节中的场景与人物，确定立体形态的层次感，让孩子在阅读过程中感受到层层递进的情节变化。

又如，学生完成的《汉・行》书籍设计，在整体构想的过程中确立内页立体书结构（图6-3）。学生构思完成一本便携性武汉旅游书籍，在整体形态上将斜挎布包与书籍形态结合，由此确定封面设计形态结构，并在封面里和封底里设放置卡片、手机与笔的口袋。整本书包括旅游地图、景区介绍、小吃推介、乘车路线等内容，版式设计也按旅游区域分色块完成。最后，考虑便于查阅且与传统纸质或电子旅游书籍的差异性，选择抽拉式立体书结构，将乘车信息隐藏在各章节页中，读者需要时，就如同提供一个锦囊妙计抽拉出乘车信息。此处的立体书设计统一在书籍整体设计之中，其形式结构也会根据信息阅读的需要来确定。

图6-3　立体书设计（学生作品）

第三节　手工书设计

手工书，这里主要是指利用手工完成书籍设计中的核心内容并实现其主要特色。一般可在书籍形态结构上体现独特的手工制作工艺。受到材料与工艺的限制，学生作业中选择应用手工书的情况较多。而这种限制，在学生的思考与实践中，也衍生了许多手工书设计创意表现。

例如，学生以小说《藏海花》为主题的手工书设计及制作（图6-4）。为了表现小说内容及背景，选择典型的藏传佛教文化符号介入到书籍设计中，确定以菩提子珠串介入到线装的书籍形态结构。在设计制作时，手工打孔、串珠、锁线完成书籍装订。特殊的手工线装工艺，配合整本书统一的版式设计，基本能实现最初的设计构想。

图6-4　手工书设计（学生作品）

又如，学生为手绘旅游日记《尼泊尔8日小游荡》完成的手工书设计制作（图6-5）。该书的作者，希望能为自己的作品完成一本手账式的书籍设计。以此为作业主题布置给学生时，学生除了参考同类书籍设计之外，还会关注作者提出的这一设计要求。下面这组作品，就是在充分体现“手账式”特色的基础上完成的手工书设计。书籍在整体形态结构上仿常见手账的开本规格、绑绳造型与活页装订；章节页设计中以粘贴明信片的形式突出旅游主题，并实现切口异形以便于查找翻阅；内页插图则利用剪贴画的形式，结合其他视觉小符号的剪贴，模拟旅游手账中的剪贴效果。由此，利用各种手工书表现技巧实现作者提出的设计要求。

再如，学生完成的《飞鸟集》手工书设计制作（图6-6）。从泰戈尔《飞鸟集》中短小的诗句中，感受到自然与质朴之美，将其表现为书籍的自然形态结构。学生参考了异型开本的相关图片，从中发现了核桃书与诗歌之美的契合点；再从读者的便携需要与文艺气息展开思考，将此核桃书与珠宝三件套结合，实现可穿戴书籍的理念构想。将一本核桃书，扩展到戒指、耳环、项链系列核桃书，装订形式也根据首饰特点表现为线装与经折装两种。而内页选择与核桃本色接近的牛皮纸，手工摘抄飞鸟集中简短而精美的诗句。最后，将此系列书籍放置在传统书籍形态的书盒中，突显整体诗歌阅读之美。整套书籍的制作，书盒、核桃封面、内页文字、装订等基本全是手工完成，由此也能体现手工书的质朴魅力与自由表达。

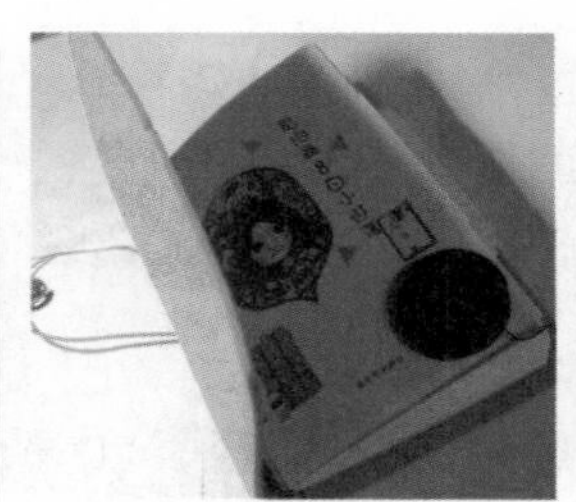

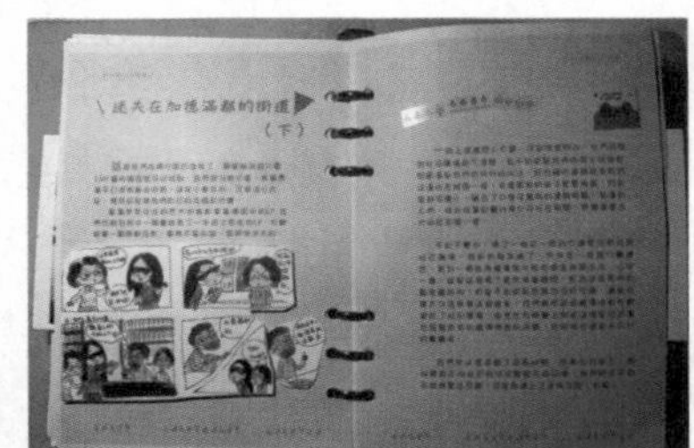
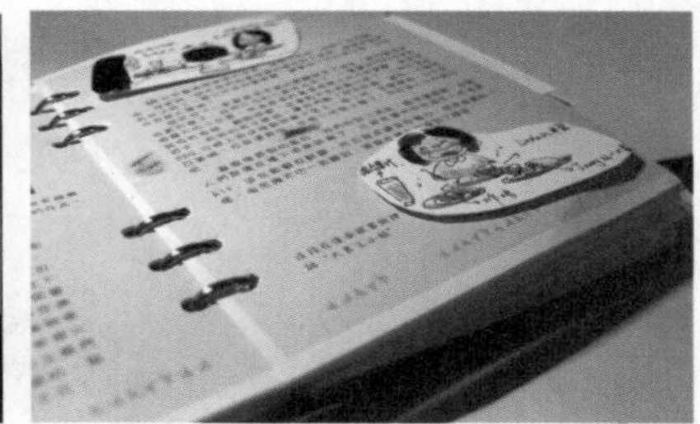

图6–5　手工书设计（学生作品）

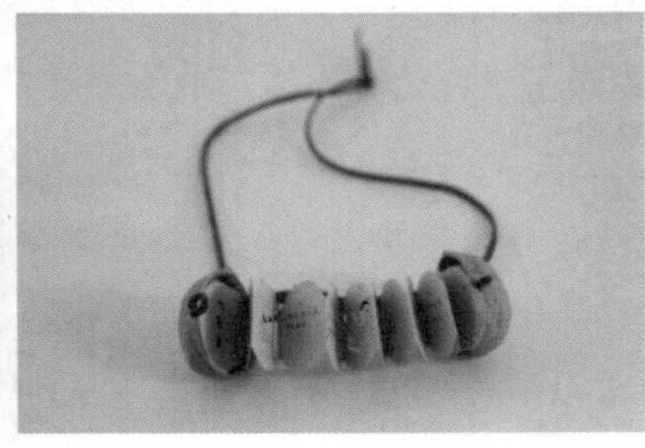

图6–6　手工书设计（学生作品）

第四节　概念书设计

概念书，是对传统书籍设计的颠覆与再思考，往往让人去思考书籍究竟是什么。书籍是对于读者而言那种方方正正翻页的形态结构，还是阅读信息的载体，或是禁锢图文的方框，还是读者经验的再现。种种思考，反映在概念书中，就构成了许多似是而非的形态结构，呈现为丰富多样的阅读或观看体验。

进行概念书设计，关注的是对传统形态的颠覆、反思以及反常规应用，由此引发思考或调动感受。学生进行概念书设计，可以深入思考书籍设计的方方面面，启发创造性思维。

例如，学生完成的《没有“伞”的人生》概念书设计（图6-7）。合起的伞上呈现文字，引发书籍翻页的联想；撑开的伞全无传统书籍的印象，却在阅读与使用中，同样带给读者或使用者某种独特感受。伞在开合的瞬间，其基本形态结构带来与传统书籍的关联与断裂。人在阅读的过程中，已然产生某种感受时，是否还在意承载这些信息的载体呢？或许这也是概念书带给人们的思考。

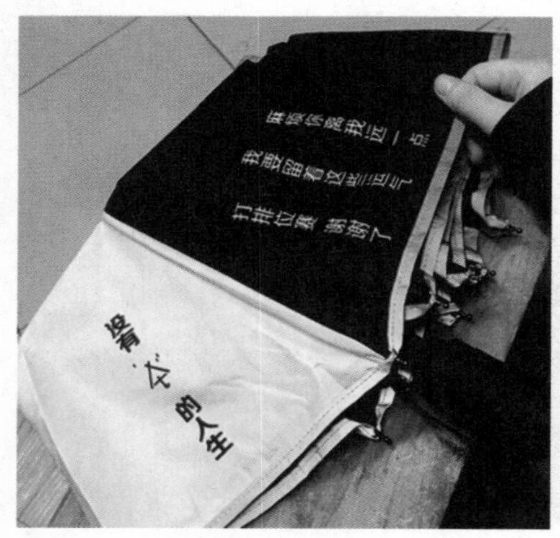

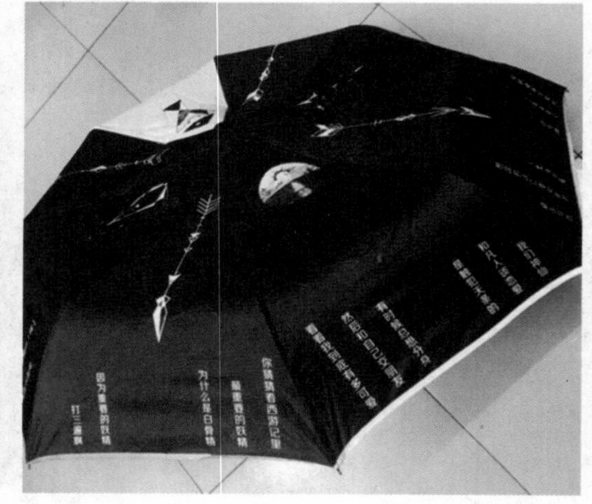

图6-7　概念书设计（学生作品）

又如，学生完成的《磁带》概念书设计（图6-8）。回想儿时用手转动录音带的齿轮，齿轮的转动好比时光流逝，一圈又一圈，将记忆永久的记录在了小小的录音带里。这套概念书将录音带里的磁条替换成编辑好文字的纸质卷条，无声的磁带或许比有声的书更能触动某些读者的情怀。

再如，学生完成的《宝宝的汉堡包》概念书（图6-9）。书籍形态结构模仿汉堡包和三明治等快餐食物，利用色彩鲜艳的无纺布等材料做出逼真的食物形态。这类食物一层叠一层的形象，让人联想到书籍切口处呈现的内页层次，该书打开后也呈现经折装层叠的书籍形态。汉堡包和三明治等食物都具有快节奏生活中的速食特点，书籍阅读在人们心中却具有慢生活里细细品味的向往，但书籍又常常被喻为人类的精神食粮。这种形态结构与象征含义的相似与差异在概念书中融合一体，结合书名的比喻与谐音，再联想到快消费时代的读者特征，这套概念书表达出更为丰富的含义。

图6-8　概念书设计（学生作品）

图6-9　概念书设计（学生作品）

第五节　传统纸质书籍整体设计

除以上各种书籍设计外，目前应用最为广泛的还是传统纸质书籍设计。传统纸质书籍设计，要突出书籍的整体设计思路，并将其贯穿到设计内容的各个细节之中。其中，精装书和平装书是主要的应用样式。

学生在进行传统纸质书籍设计时，往往容易关注某个局部创意而忽视书籍设计的整体性。常见的问题包括：过分关注奇特造型结构而忽视其与书籍内容或风格的关系，只关心封面设计而忽视内页设计，过分追求奇异的版式布局而忽略书籍的可读性，等等。因此，在看似普通的传统纸质书籍设计中，或许更能培养整体设计观念。

例如，学生完成的小说《别相信任何人》精装书设计（图6–10）。这本精装书具备精装书样式的基本要求，如封面材料、装订工艺以及精装书基本结构等。学生在阅读这本悬疑小说时，印象最深的，就是失忆女主角在过去的日记本中不断发现自己生活的谎言并逐步打破的过程。因此，整本书籍设计采用以紫色为主色调，表现出粉色到紫色渐变色系，与小说的日记体时间变化一致。同时，粉色象征女主失忆时如新生婴儿般的天真，渐变到紫色是她每天都深陷在一个巨大的谎言中，一次次相信，然后再一次次打破。而书籍中封面主图形则表现为一滴形似大脑的紫色墨迹，书籍目录页中也有类似墨迹图形，表现了小说中揭示真相的线索——日记本手写笔迹。这套色调与图形除了应用到书籍封面上，还应用到目录与内页各处细节之中，整体设计概念展现的准确、含蓄而唯美。

再如，学生完成的小说《繁花》平装书设计（图6–11）。整本书定位为平装书，封面和插页铜版纸，内页道林纸，胶装，在纸材选用与装订工艺上都选择了普通平装书样式。学生阅读这本小说时，觉得这本小说很特别，其叙事线索在两个时空中频繁交替、互相映衬，中间穿插描写了许多上海女性人物的市民生活，不论内容还是文笔中都体现了浓浓的上海地域文化特点。这本书原有的书名字体设计和插图设计也很有特色。在设计调研时，发现双封面设计形式非常适合这本书两个时空概念的表现。书中大段关于花、树与七十多位女性人物描写，结合上海的都市印象，让人联想到花团锦簇、花落花开的形象。因此，封面上采用双封面，一面呈现出点状拥簇的繁花形象，一面则采用书中原有插画表现上海日常生活。目录设计与页码设计上，采用汉字繁简体数字叠印效果，也是为了凸显出时空交流的寓意。内页及插图页的版式布局与封面一致，插图页设置压痕线让精美的插图可以撕下来单独保留。

图6-10　精装书整体设计（学生作品）

图6-11　平装书整体设计（学生作品）

章后练习

1. 分享你所喜欢的系列书设计作品，思考其系列性是如何体现的。
2. 分享你所喜欢的立体书或手工书设计作品，阐述其在形态、结构、材料或工艺方面的特色。
3. 分享你所喜欢的概念书设计作品，试阐述其概念表达与形式表现特点，并说明你喜欢的原因。
4. 分享你所喜欢的传统纸质书籍设计作品，分析其整体性如何体现，并指出其创意表现特点。

第七章　书籍设计的未来思考

◆ 章前导读

对书籍设计的未来思考，源于对书籍本身存在价值的思考，对书籍载体及技术变迁的展望。从书籍设计的简史中，就能看到纸质书籍并非书籍载体的唯一选择，对信息的记录与传承也并非只有一种形态结构或技术工艺可以实现。这些都决定了书籍设计未来的多样性、多元化与创新性。本章仅从目前现状出发，提出了由纸质书、电子书与概念书构成的书籍设计未来思考，不敢求全求新，只借此抛砖引玉。通过本章的交流分享，提出书籍设计在未来发展中与书籍本质、媒介技术、阅读习惯、文化传承等方面的思考，以期共同创造书籍设计美好未来。

第一节　纸质书的未来方向

随着信息技术的普及应用，部分需要泛读和查找的书籍或许最终会选择电子书这种载体，以满足读者需求。但这并不意味着纸质书籍的消亡，而是纸质书籍在新时代将呈现更具个性的发展。

首先，纸质书籍有其实体特征，在虚拟技术的对比下，更能凸显其实体的亲切与真实感。手捧一本纸质书籍的阅读，能给读者带来质朴、踏实与亲切的慰藉。因此，纸质书籍设计会更加凸显书籍设计带给读者的五感体验，突出材质工艺的触感细节，强调书籍内外设计的整体统一（图7–1）。

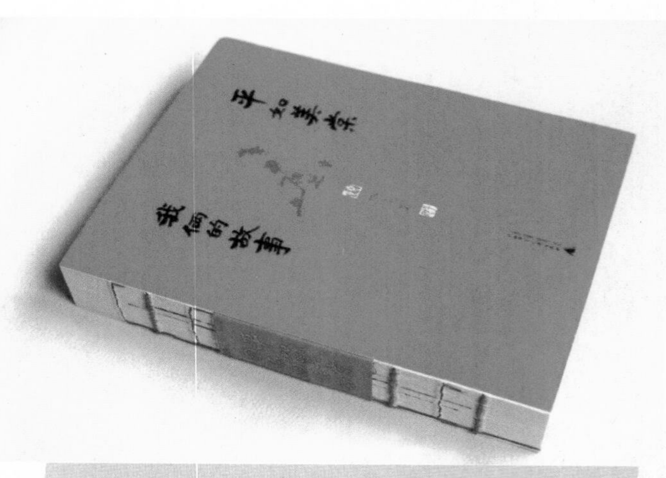

图7–1　纸质书籍设计的实体特征
（《平如美棠》，朱赢椿、艺冉设计）

其二，纸质书籍有其历史与文化特征，在年轻的电子书面前，它的重量不仅来自其实体，还来自时间的积淀与文化的交融。古今中外，诸多纸质书籍设计经典给一代代读者的不仅是知识信息，也是各个时代不同民族与文化的审美体现。未来，纸质书籍设计会更关注各种历史风格的更迭与融合，强调本土文化的独特审美个性，并寻求在新时代各种融合与发展（图7-2）。

其三，纸质书籍的未来发展势必更加关注读者的细分定位。近二十年来，全球都经历着飞速发展与变化，新时代的读者接触的信息更多，阅读需求、阅读方式和阅读环境也更为复杂。与其同成本相对较低的电子书抗衡着去追求大众畅销书籍的定位，不如着眼于纸质书籍的特点，从读者的阅读中进行细分定位。未来，纸质书籍设计会更加强调前期策划与信息编辑，细分读者阅读，满足目标读者需要（图7-3）。

图7-2　纸质书籍设计的历史与文化特征
（《曹雪芹风筝艺术》，赵健设计）

图7-3　纸质书籍设计的读者细分
（《乐舞敦煌》，曲闵民设计）

未来的纸质书籍不仅是记录传承知识信息的载体，也是一种个性标志、象征符号、审美取向或生活方式。

第二节　电子书与数字阅读

“电子书”这一概念，最早出现于20世纪40年代的科幻小说中，提出电子书的书籍容量和电子显示器这两个基本要素。由此，也产生了当今两种电子书的概念，即电子文本形态和电子阅读器。这两个概念的界限并非很清楚，时常被混用。总体上说，所谓电子书籍是指以互联网和其他数据传输技术为流通渠道，以数字内容为流通介质，综合了文字、图片、动画、声音、视频、超链接以及网络交互等表现手段，同时以拥有大容量存储空间的数字化电子设备为载体，以电子支付为主要交换方式的一种内容丰富生动的新型书籍形态。基于上述电子书基本特点，与传统的纸质书籍相比，电子书具有存储量大、检索便捷、便于保存、成本低廉等优点。由此出现的数字化阅读也培养了新的年轻一代读者。

图7–4　电子书的版式设计

电子书的载体和技术特征给目前的电子书设计提供了新的方向。其存储量大和检索方便的特点，要求电子书设计更加关注海量信息的筛选、分类和检索。其便于保存与成本低廉的特点，使电子书设计更加偏向于大众化和功能性。由此，电子书设计相较于纸质书籍设计而言对信息编辑与版式设计的要求更趋条理化和秩序感，但却能让读者根据个人习惯或阅读环境在字体、字号、行距、亮度等方面自由调节（图7–4）。

电子书带来的数字化阅读，也颠覆了阅读的信息载体与信息内容。电子书的信息载体已然呈现数字化特点，除了传统的电子阅读器外，配合阅读软件的电脑、手机、PAD等都可以作为电子书的载体（图7–5）。电子书的信息内容也逐步

图7–5　电子书的载体数字化

呈现出数字化特征，不仅有数字化的文本、图片、视频、音频等多种信息内容，在互联网作用下，这些信息内容与读者之间的互动衍生出更为丰富的链接、推荐、评论等信息内容（图7–6）。由此，电子书设计需要面对全新的信息内容。从信息内容开始的电子书设计，更强调信息编辑，要求理清各种信息的层级关系，确定信息编辑的主线索。在其版式设计或动画设计中，也要求更简洁明了的呈现出这种信息层次关系，并引导读者的阅读顺序与关注重点，最后还要带动读者投入到阅读的互动体验中（图7–7）。

图7–6　电子书的信息内容数字化

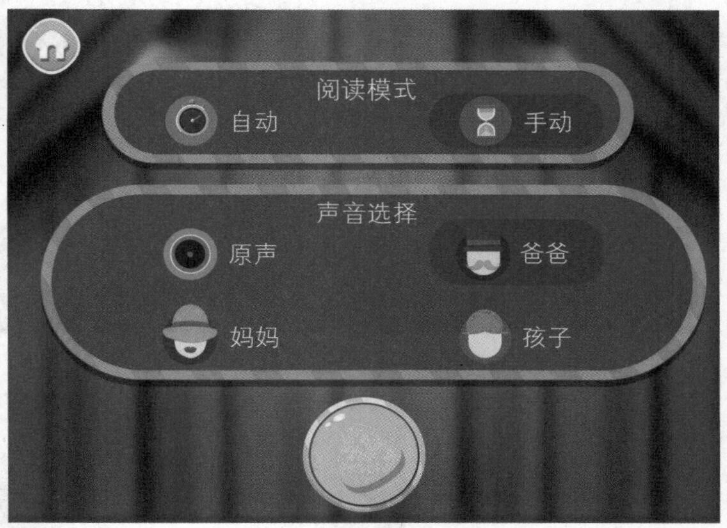

图7–7　电子书的互动体验设计

数字化阅读也正培养起新一代年轻读者。这些年轻读者，有的习惯了对数字化信息内容的接收与处理，流连于丰富的视听体验中；有的或许习惯了电子书带来的各种便利，比如便携、易于检索、成本低廉等；有的习惯了碎片化的阅读，短小精悍的信息，或零碎的阅读时间。书籍的价值在读者阅读过程中体现得最为实在。电子书的设计，也势必更为关注新一代年轻读者的阅读特征，着眼于这些读者的阅读需求、阅读习惯、阅读方式、阅读环境和阅读体验。

第三节　概念书引发的未来思考

概念书是关于书籍的新观念与新形态方面的探索，它是一种个性化、无定向的创造。概念书不会以市场为导向，而是基于书籍本质、阅读过程、审美体验、载体形式、信息呈现方式等方面所进行的种种尝试（图7–8、图7–9）。它奇怪的面貌看似与书籍无关，却能借此探索书籍的未来。

概念书设计能够探讨书籍的本质，引导设计师与读者思考书籍载体形态与书籍信息内容之间的关系，思考书籍的意义与存在价值，思考书籍在历史沿革中的象征性等。它也能够让设计师关注读者阅读过程，例如：文图阅读方式的差异性，读者阅读习惯的形成，误读与误解的生成与蔓延，等等。概念书设计还能带领设计师与读者触探种种审美体验，把握当代审美多元化特征。除此外，概念书在载体形式方面的探索，也能给书籍形态、结构、材料、工艺等方面带来更多可能，例如：对书籍传统形态的刻意颠覆，对书籍结构所呈现的多维空间探索，对新材料新工艺在书籍设计应用中的尝试。概念书还能将信息呈现方式方面进行创新融合，例如将新技术与传统纸质书籍进行对比与交融，带来新的阅读体验等。

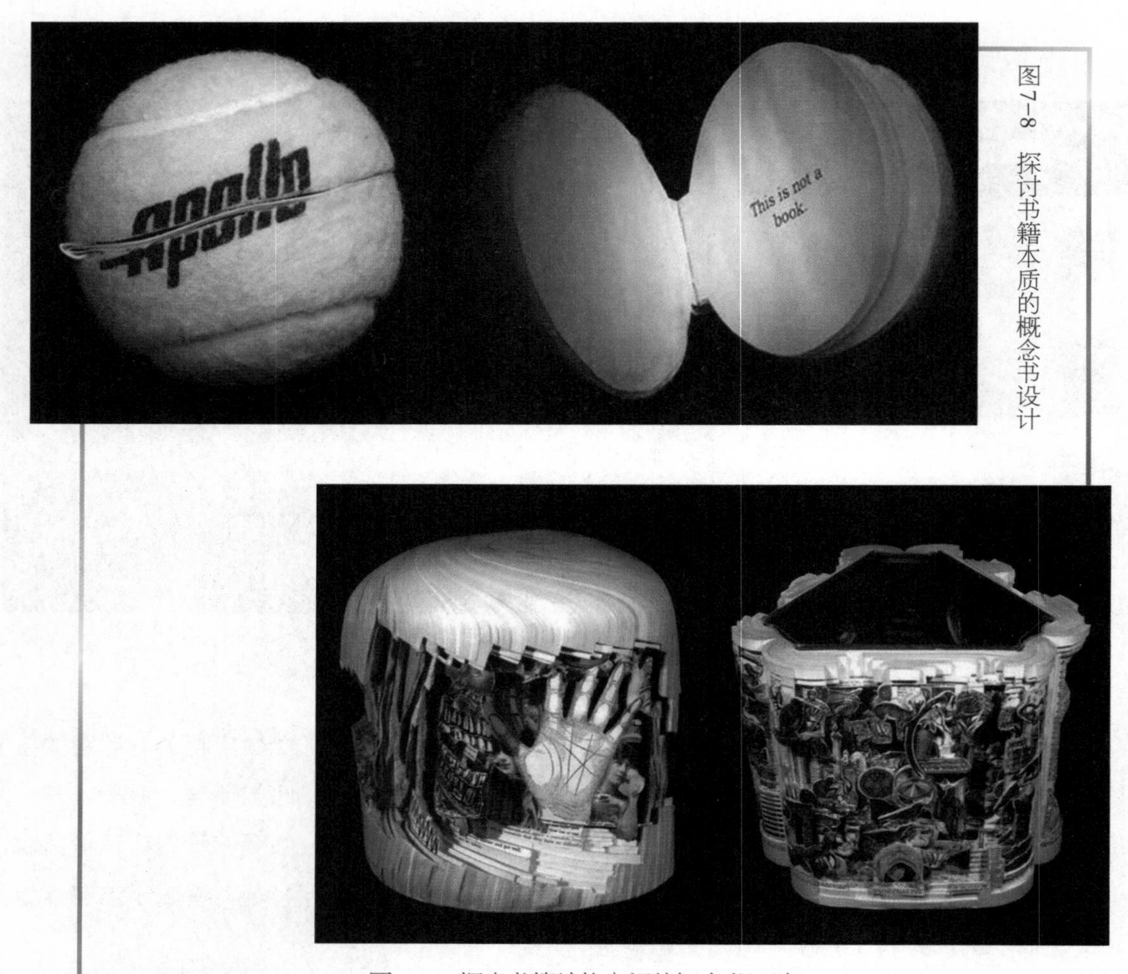

图7-8　探讨书籍本质的概念书设计

图7-9　探索书籍结构空间的概念书设计

章后练习

结合你对书籍设计的理解，分享你对书籍设计未来发展的思考与畅想。